服装专业高技能实用性丛书
服装职业教育“协同创新”实用教材

服装画技法

陈桂林　著

中国纺织出版社

内 容 提 要

本书强调以人体形态为基准画服装款式图和效果图；完成服装设计构思；表现服装整体造型和设计细节等。

本书立足于现代服装企业对服装设计人才的需求，根据服装企业对服装设计人员实际技能的要求，从服装画的基本概念入手，以人体造型表现技法为训练起点，突出服装画在造型和服装款式上的表现特点，结合服装效果表现技法、服装风格表现技法、计算机辅助设计表现技法等，形成一套完整的服装画技法训练体系。

本书可以作为服装高等院校、服装培训机构的教学用书，也是服装设计从业者、爱好者的必备参考书。

图书在版编目（CIP）数据

服装画技法／陈桂林著．—北京：中国纺织出版社，2015.1

（服装专业高技能实用性丛书）

服装职业教育“协同创新”实用教材

ISBN 978-7-5180-0980-0

Ⅰ．①服… Ⅱ．①陈… Ⅲ．①服装—绘画技法—职业教育—教材 Ⅳ．①TS941.28

中国版本图书馆CIP数据核字（2014）第213710号

责任编辑：华长印　　责任校对：余静雯
责任设计：何　建　　责任印制：储志伟

中国纺织出版社出版发行
地址：北京市朝阳区百子湾东里A407号楼　邮政编码：100124
销售电话：010—67004422　传真：010—87155801
http：//www.c-textilep.com
E-mail：faxing@c-textilep.com
中国纺织出版社天猫旗舰店
官方微博 http：//weibo.com/2119887771
北京佳信达欣艺术印刷有限公司印刷　各地新华书店经销
2015年1月第1版第1次印刷
开本：889×1194　1/16　印张：13
字数：140千字　定价：52.00元

前言

服装画技法是服装设计专业学生的必修课之一，在学习服装绘画的过程中，强调的是思维和造型艺术。要把设计的构思用线条和色彩表现出来，通过美术的绘画技法让创造力完全展现出来，需要大量的实践。服装款式图、服装效果图是服装设计人员进行产品开发的基础，也是服装设计师必备的专业技能，还是设计师与制板师、工艺师之间沟通服装产品开发设计的重要媒介。

传统的服装设计教学，远不能满足现代服装企业的用人需求。现代服装企业不仅需要实用的设计人才，更需要有技术创新和能适应服装现代技术发展的人才。为了满足现代服装产业发展的需要，本书采用从服装企业对服装设计师的要求出发，本着“学以致用”的原则，主要讲述了服装画的概念；人体造型表现技法；服装款式表现技法；发型与服装饰品表现技法；服装部件表现技法；女装款式表现技法；男装款式表现技法；童装款式表现技法；服装效果图表现技法；系列延伸设计表现技法；电脑款式效果图表现技法等内容。全书图文并茂，内容详尽，简单易学。具有较强的科学性、实用性。并且，与现代服装企业的实践操作相结合，真正达到 “边学边用，学以致用”的效果。

本书根据作者从事服装设计和教学的亲身感受，总结出一套简便易学的方法。在书中配以详细的作画步骤，由浅入深，以满足不同层次读者的需要。本书侧重服装绘画的基本方法，使读者在掌握服装绘画的基本方法后，融会贯通，形成自己的绘画方式，从而为服装设计打下良好的基础。

本书注重实践，从绘制服装画所需要的技能出发，对不同类型的服装所需要的绘画方法进行了讲解，其中包含了大量的图例和绘制步骤，能帮助读者在较短的时间内掌握服装效果图、服装款式图的表现要领，对初学者和从事服装设计工作的人员有很好的指导意义。

本书可以作为服装高等院校、职业院校、培训机构的教学用书，也是服装设计从业者、爱好者的必备参考用书。

本书历经三年构思和编写，作者希望呈现给读者的是一本专业、实用的服装画教材。

本书编写难免会有不足之处，敬请广大读者批评赐教，并提出宝贵意见。便于本书再版修订，不胜感激！

2014 年 07 月

教学内容及课时安排

章/课时	课程性质/课时	节	课程内容
第一章 （8课时）	基础理论 （8课时）		• 服装画概论
		一、	服装画分类
		二、	服装绘画工具
		三、	服装画配色方法
		四、	服装画表现原则与步骤
第二章 （12课时）	应用理论 （92课时）		• 人体造型表现技法
		一、	人体比例与结构
		二、	女体表现法
		三、	男体表现法
		四、	童体表现法
		五、	五官表现法
		六、	人体的局部表现法
第三章 （8课时）			• 服装款式图表现技法
		一、	服装款式图快速入门
		二、	徒手表现法
		三、	带人台表现法
		四、	着装表现法
第四章 （10课时）			• 发型与服饰配件表现技法
		一、	发型表现法
		二、	包类款式表现法
		三、	鞋类款式表现法
		四、	帽子款式表现法
		五、	其他常用服饰配件表现法
第五章 （6课时）			• 服装部件表现技法
		一、	领子表现法
		二、	袖子表现法
		三、	口袋表现法
		四、	省褶表现法
		五、	图案设计表现法
		六、	门襟等部位表现法
第六章 （16课时）			• 女装款式表现技法
		一、	休闲风格时装表现法
		二、	都市风格时装表现法
		三、	中式风格时装表现法
		四、	职业装表现法

章/课时	课程性质/课时	节	课程内容
第六章 （16课时）	应用理论 （92课时）	五、	韩式风格时装表现法
		六、	民族风格时装表现法
		七、	运动女装表现法
		八、	中性化时装表现法
第七章 （8课时）			• 男装款式表现技法
		一、	男裤款式表现法
		二、	男衬衫款式表现法
		三、	男西装款式表现法
		四、	男夹克款式表现法
第八章 （6课时）			• 童装款式表现技法
		一、	童裤表现法
		二、	裙装表现法
		三、	上装表现法
第九章 （5课时）			• 服装面料质感表现技法
		一、	雪纺和丝绸类面料质感表现法
		二、	棉纺布和呢绒面料质感表现技法
		三、	针织物和棒针毛衫质感表现技法
		四、	牛仔和皮革面料质感表现技法
		五、	面料图案表现技法
第十章 （21课时）			• 服装效果图表现技法
		一、	服装效果图着色步骤
		二、	彩色铅笔写实法
		三、	水粉着色法
		四、	麦克笔表现法
		五、	素描表现法
		六、	人体模型套用法
		七、	其他常用表现法
第十一章 （8课时）	实践课程 （18课时）		• 系列设计表现技法
		一、	女装系列设计表现法
		二、	男装系列设计表现法
		三、	童装系列设计表现法
		四、	内衣系列设计表现法
第十二章 （10课时）			• 电脑画款式效果图表现技法
		一、	CoreIDRAW软件服装款式图表现技法
		二、	Photoshop软件服装效果图表现法
		三、	Illustrator 软件服装效果图表现法
		四、	电脑款式效果图欣赏

注 各院校可根据自身的教学特色和教学计划对课程时数进行调整。

目 录

基础理论——

服装画概论

课题名称： 服装画概论

课题内容： 服装画分类
服装绘画工具
服装画配色方法
服装画表现原则与步骤

课题时间： 8课时

训练目的： 了解服装画的概念、服装画的分类、服装绘画工具、服装画配色方法、服装画表现原则与步骤等。

教学方式： 讲授法、举例法、示范法、启发式教学、现场实训教学相结合。

教学要求： 1．了解服装画的概念。
2．了解服装画的分类。
3．了解服装绘画工具。
4．掌握服装画配色方法。
5．掌握服装画表现原则与步骤。

第一章 服装画概论

服装画是服装设计师将设计构思以图的形式展示出来。设计师通过构思，运用笔或计算机辅助设计工具将服装的款式、色彩、面料在人体上表达出来。服装画是表达设计师的创意和作为设计制作服装的重要依据和技术文件。

第一节 服装画分类

服装画和服装款式图是服装设计最基础的表现形式。服装画是运用绘画的基本手段，通过丰富的艺术处理方法来体现服装设计的造型和整体气氛的一种艺术形式。服装画是设计师将设计意图呈现在人体穿着的整体视觉效果，是服装产品一种有效的表达形式。服装款式图是依据服装设计效果图对服装款式设计意图的进一步明确清晰地表达。在服装生产中，服装款式图是结构设计与制板的一个重要中间环节，是服装缝制工艺的依据。

一、服装款式图

服装款式图也称服装式样图，充当工艺说明书的作用，大多数时候都配合服装效果图或者工艺说明书出现。服装款式图注重表现服装的款式结构特征，如结构线、省道线、公主线、衣袋、领、袖等，服装款式图省略人体仅绘制衣服的款式特征，也可用文字提示制作的工艺要求、面料及辅料的要求等。服装款式图需要服装设计师清楚地表达服装设计款式的细节、面料、标准尺寸以及工艺制作上的特殊要求或排料图、裁剪图等（图1-1）。

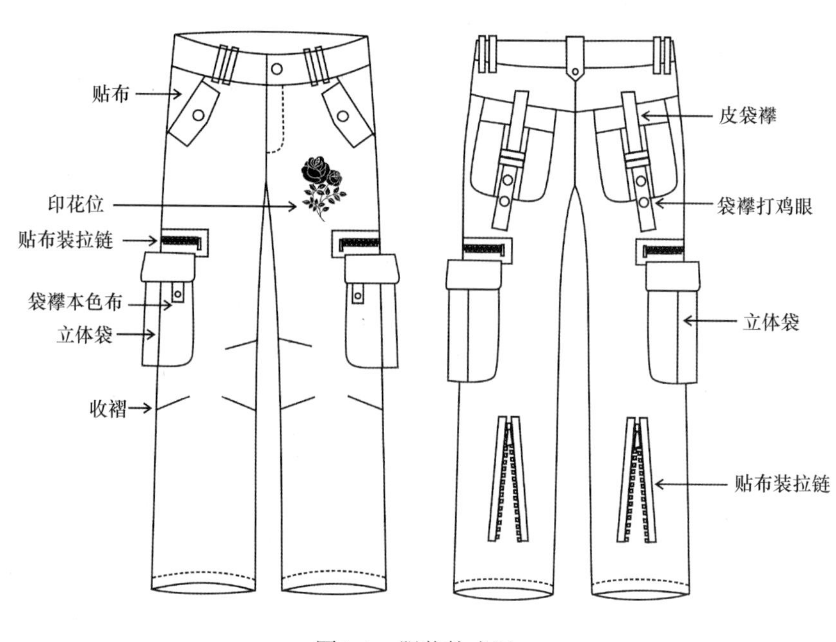

图1-1 服装款式图

二、服装效果图

服装效果图是服装设计师将构思中的服装款式用人体穿着效果表现出来。与服装款式图不同的是它的表现形式可以带有服装设计师的个人风格、情感。绘制服装效果图要求服装设计师有一定的绘画能力，服装制板和工艺技术知识，面料、辅料的基本知识等。服装效果图的表现方法可以是多种多样的，在清楚表现设计意图的前提下，或写实（图1–2）、或夸张（图1–3）、或装饰（图1–4），可根据服装设计师的习惯和设计的需要而定。

图1–2 写实的服装效果图

图1–3 夸张的服装效果图

图1–4 装饰的服装效果图

第二节　服装绘画工具

绘制服装画所使用的工具较多，一般选用常用工具就可以满足基本绘制要求。服装画的绘制工具大致分为纸类、笔类、颜料类和其他辅助工具。

一、纸类

纸的类型是多种多样的，其性能的不同会使画面最终效果有所差异，在选择前应尽量尝试各种效果，仔细分析比较，在表现不同的服装质感或运用不同的绘画风格时，选用不同的纸张。

1. 素描纸

素描纸一般适合画铅笔素描。由于纸质不够坚实，吸水能力很强，上色时不宜反复揉擦。如果一定要用它来画色彩，颜色易灰暗。因此，画色彩时，应适当将颜色调厚加纯。由于素描纸张遇水后不易平展，如用水性颜料，应将纸张裱在画板上之后再作画。

2. 水粉纸

水粉纸纸纹较粗，有一定的吸水性，易于颜料附着，是绘制服装画最为常用的纸张。

3. 水彩纸

水彩纸纸纹有粗细之分，纸质坚实，经得起擦洗。由于作画时使用大量水分，其特有的凹凸不平的颗粒，能有效地留存水分，因此可以呈现其润泽感。当用干画法表现时易出现飞白效果。它也是绘制服装画最为常用的纸张之一。

4. 拷贝纸

拷贝纸多用于工程制图，也可用来拷贝画稿。其种类有两种：一种为拷贝纸，纸张较薄，为透明色；另一种为硫酸纸，纸张较厚，为半透明色。

5. 色粉画纸

色粉画纸质地略粗糙，带有齿粒，一般都带有底色。常用的色粉画纸有黑色、深灰色、灰棕色、深土黄色、土绿色等。画服装画时，可巧妙地借用纸张的颜色为背景色。

6. 卡纸

卡纸有黑、白、灰之分。白卡纸质地洁白、光滑，有一定的厚度，吸水性能差，不易上色，易出笔痕。在服装画中，卡纸也常用于裱画，可利用卡纸的色彩作为背景色。

二、笔类

画服装画常用的画笔有铅笔、炭笔、水笔、毛笔、水粉笔、水彩笔等。

1. 铅笔

铅笔有绘图铅笔、自动铅笔等。绘图铅笔有软硬之分，软质的是B～8B，硬质的是H～12H。画服装画常选用HB铅笔。自动铅笔由于其线条清秀纤细，比较适合绘制草图和勾线。

2. 炭笔

炭笔分为炭素笔、碳画笔、炭精条、木炭条。碳素笔的笔芯较硬，炭画笔的笔芯较软，炭笔笔触粗细变化范围较大，适合画素描风格的服装画。

3. 水笔

水笔有针管笔、签字笔两种，笔尖粗细0.1 ~ 0.9mm，一般适用于勾线以及排列线条。

4. 毛笔

毛笔有软硬之分，软质的为羊毫，常用的是白云笔（大、中、小），这类笔柔软，适用于涂色面。硬质的为狼毫，有狼圭、红毛、叶筋、衣纹等，这类笔笔锋坚挺，适用于勾线。

5. 水粉笔

水粉笔有两种笔毛类型，一种是羊毫与狼毫混合型，弹性适中，能够较好地用于颜色覆盖；另一种是尼龙型，笔头形状有扇形、扁平形。绘制服装画多用扁平笔头的羊毫与狼毫混合型水粉笔。

6. 水彩笔

水彩笔笔头分有圆形、扁平形两种，具有含水量大的特点。

三、颜料类

画服装画常用的颜料有水粉、水彩、麦克笔、蜡笔、油画棒、彩色铅笔、水溶铅笔等。

1. 水粉

水粉常见的有锡管装、瓶装。常用的国内品牌有马利牌，国外品牌有樱花牌等。水粉具有覆盖力强、易于修改的特性。

2. 水彩

常用水彩颜料有马利牌，温莎牛顿牌（国外品牌）等。水彩具有透明、覆盖力弱的特性。

3. 麦克笔

麦克笔分水性、油性两种。笔头有粗细之分。色彩种类丰富，但不宜调混，宜直接使用。其透明性类似于水彩。

4. 蜡笔

蜡笔没有渗透性，靠附着力固定在画面上，不适合用于光滑的纸张，通过轻擦或厚涂以及色彩之间的色相对比，产生浓丽鲜艳的色彩效果。

5. 油画棒

油画棒有一定的油性，笔触较为粗糙，颜色多样。

6. 彩色铅笔

彩色铅笔有多种颜色，在服装画中具有独特的表现力。

7. 水溶铅笔

水溶铅笔兼有铅笔和水彩的功能，有多种颜色，携带和使用方便。着色时有铅笔笔触，晕染后有水彩效果。

四、其他辅助工具

服装画常用的其他辅助工具有橡皮、调色盒、调色盘、画板、美工刀以及固定纸张的工具等。

1. 橡皮

橡皮有软硬之分。画服装画时多选用软质橡皮，以便擦涂，不致损伤纸面而利于上色。

2. 调色盒

调色盒是为调色存放颜料的塑料盒。色格一般以24格左右为宜。调色盒备用时需配备一块湿润的海绵

（或毛巾布），以防颜料干裂。

3. **调色盘**

为塑料浅格圆形盘。

4. **画板或画架**

画板或画架是为绘画而特制的木质板或画架，根据画面尺寸可选择大、中、小号。画服装画一般选用中、小号型。

5. **美工刀**

美工刀主要用于削铅笔和裁纸。

6. **固定纸张的工具**

固定纸张的工具有胶水、双面胶带、胶带（透明、不透明）、夹子、图钉等。

五、计算机辅助设计工具

1. **专业服装设计软件**

目前，国内有广德、格林等多家专业服装设计软件开发商。专业服装设计软件拥有强大的专业素材库，能够提供产品设计的款式、配色、规格图、工艺流程等还提供配料库、扣具库、部件库、线类库、图案库的专用功能。

2. **CorelDRAW设计软件**

CorelDRAW是一种平面矢量绘图软件，我们可以利用软件提供的绘图工具、填色工具、特种效果填充工具、图案填充工具等（这只是该软件的部分功能），就像在纸上画画一样，直接画出自己需要的效果图。基本上能够达到手工绘制的效果，有时比手工效果图还要美观。

3. **Photoshop设计软件**

Photoshop图像编辑软件，在平面设计中占主导地位，是专业领域中通用的工具，它可以通过图层、通道、路径等工具，实现对图像的编辑。还可以根据不同的需要进行参数设置，并进行编辑，保存其画笔工具，能够实现许多特殊的图像设计。利用干湿笔刷可以模拟传统的绘画技术，利用手写板的功能，辅以更大的操作空间，获得新的创作效果。图案生成器可以简单的选取图像区域创建实现新的抽象图案，由于采用了随机模拟和复杂的分析技术，为很多服装面料设计提供了运动中具有真实机理效果的图像。

4. **Illustrator设计软件**

Illustrator是一款非常强大的矢量图绘画软件，本软件提供丰富的描绘功能以及矢量图编辑功能，还提供十分典型的矢量图形工具，诸如三维原型、多边形和样条曲线等。同时还支持许多矢量图形处理功能。

第三节　服装画配色方法

服装的色彩设计与搭配既要服从于服装所要表现的总体风格又要体现出独特的美。服装的风格不只是通过款式表现出来，也可以通过色彩设计与搭配来表达。如表1-1所示，每种颜色都有自己的代表含义。将不同的色彩互相搭配，会给消费者不同的体验和感觉。服装画配色是一种表达色彩设计与搭配的方式，是指对各种单个色彩的搭配组合。配色美是指色彩搭配组合的效果，给人的视觉和心理产生美的愉悦感、满足感。

表1-1 每种颜色代表含义或象征意义

序号	颜色	代表含义或象征意义
1	红色	活力、热情、奔放、喜悦、庆典
2	橙色	富饶、充实、未来、友爱、豪爽
3	黄色	高贵、富有、智慧、忠诚、希望
4	绿色	生命、生机、自然、和平、幸福
5	蓝色	智慧、清爽、自信、永恒、真实
6	紫色	浪漫、神秘、高贵、优雅、信仰
7	黑色	稳重、寂寞、夜晚、严肃、气势
8	白色	纯洁、简单、神圣、清爽、青春

不同的场合、环境需要有不同的服装色彩与之相适应，服装的色彩搭配恰当能体现一种浓郁的生活情调。色彩作为视觉审美的第一要素，对于服装起着至关重要的作用。服装配色的原则是先定主色，后配搭配色，最后点缀色。

（1）主色：主要面料的色彩，在服装中所占面积最大。

（2）搭配色：亦称“宾色”，指在服装中起到辅助作用的色彩，比主色面积小。

（3）点缀色：处于显著位置并起到画龙点睛或调节作用的色彩，往往面积很小，但作用很大。

服装画配色的方法主要有以下6种。

1．同类色搭配

同类色的搭配是指色相性质相同，但色度有深浅之分的搭配方法。例如：深红→浅红、深绿→中绿等。同类色搭配是较为常见，最为简便并易于掌握的配色方法，具有整体协调、柔和的特点。这种配色方式极其容易获得色彩的和谐，但如果处理不当也会显得非常单调。因此，应在色彩的明度和纯度上进行处理，显现出同类色不同层次的效果。如图1-5所示，同类色的搭配显得简洁、时尚。服装的着色注意了明度和纯度的变化，使整个款式在色彩统一的基础上避免了单调和沉闷。

图1-5 同类色搭配

2．对比色搭配

对比色搭配是将色彩中互为补色的色彩进行搭配，主要指色相不同，明度或纯度上又有差异的配色方法。深浅不同的颜色内外搭配，会产生纵深感，用黑色外套和白色衬衣搭配会使人看起来瘦了很多。对比色搭配具体有弱对比、中对比、强对比三种方式。

（1）弱对比（图1-6）。色相环上两色之间不超过60°角的色彩搭配。例如：红→红橙→橙、红→红紫→紫、绿→黄绿→黄等。弱对比的特点是色搭配具有温和、自然的效果，比同类色更有变化。

（2）中对比（图1-7）。色相环上两色之间成120° 角的色彩搭配。例如：原色→原色、间色→间色。中对比的特点：中对比色搭配色彩差异大，对比鲜明，给人以饱满、兴奋的感觉。

（3）强对比（图1-8）。色相环上两色之间成180° 角的色彩搭配。也称互补色对比。例如：红→绿、黄→紫、蓝→橙。强对比的特点是色搭配效果最刺激，但处理不好会出现生硬、俗气的感觉，因此要注意面积的大小、比例及位置。

图1-6　弱对比搭配　　图1-7　中对比搭配　　图1-8　强对比搭配

3. 色彩的呼应搭配

色彩的呼应搭配就是服装上不同色彩彼此照应。这种搭配方式达到了既有整体和谐统一，又有变化的色彩效果，如图1-9所示，让服装的搭配在严谨中透露了灵活多样的风格印象。色彩呼应的搭配方法也可以帮助服装整体风格协调统一。

4. 色彩的衔接搭配

色彩的衔接搭配是将对比强烈的颜色通过一种中性色（白色、黑色、银色等）进行衔接，使之产生柔和的视觉效果，如图1-10所示，白色腰带的衔接，使橘黄色与灰蓝色避免了两个相对立的颜色在一起而产生视觉不协调。

5. 邻近色搭配

邻近色搭配是把色环上相近的色彩搭配起来，易收到调和的效果。如红与黄、橙与黄、蓝与绿等色的配合。这样搭配时，两个颜色的明度与纯度最好错开。例如：用深一点的蓝和浅一点的绿相配或中橙和淡黄相配，都能显出调和中的变化，起到一定的对比作用。如图1-11所示，整体打破了色调的沉闷感，显得生动。

图1-9　色彩的呼应搭配

图1-10　色彩的衔接搭配

6. 色彩纯度的搭配

色彩纯度是指颜色的鲜艳程度，通常高纯度色彩之间的搭配容易获得协调，如图1–12所示，合理使用高纯度与低纯度的色彩搭配，相互穿插得当，获得理想的色彩效果。

7. 色彩明度的搭配

色彩明度的搭配可以分为高明度、中明度、低明度三种。色彩明度的搭配是以明度高的色彩为主配色，高明度配色如图1–13所示，高明度画面辅于中明度或低明度，可以获得统一视觉效果。

图1–11　邻近色搭配　　图1–12　色彩纯度的搭配　　图1–13　色彩明度的搭配

第四节　服装画表现原则与步骤

服装画是对设计思想的表达，目的在于服装设计师将设计构思化为可视形态。使人能够了解其意图并提出修改意见。服装画表现的效果直接影响服装设计师的设计意图表达。因此，画好服装画是服装设计师的必备基本功。下面就服装画表现原则和步骤进行阐述。

一、服装画表现原则

1. 比例

比例主要指服装画内部结构之间的比例是否合理。具体表现为整体与局部、局部与局部之间，通过长度、轻重等所产生的平衡关系，当这种关系处于平衡状态时，即会产生美的效果。对于服装来讲，比例也就是服装各部分尺寸之间的对比关系，例如：裙长与整体服装长度的关系；贴袋装饰的面积大小与整件服装大小的对比关系等，当对比的关系达到了美的统一和协调，被称为比例美（图1–14）。

2. 平衡

平衡是指对立的各方在数量或质量上相等或相抵后呈现的一种静止状态。主要有均齐和均衡两种形式。均齐即对称，图形、物体的对称轴两侧或中心点的四周在大小、形状和排列上具有一一对应的关系，体现了秩序和理性。均衡是指在布局上等量不等形的平衡，均衡与对称互为联系，对称能产生均衡感，而均衡包括对称的因素。对称的平衡关系应用于服装中可表现出一种严谨、端庄、安定的风格，在军服、制服的设计中常常加以使用。为了打破对称式平衡的呆板与严肃，追求活泼、新奇的着装情趣，不对称平衡则更多地应用于现代服装设计中，这种平衡关系是以不失重心为原则的，追求静中有动，以获得不同凡响的艺术效果。均衡指图形中轴线两侧或中心点四周的形状、大小等虽不能重合，而以变换位置、调整空间、改变面积等求得视觉上的平衡。因此平衡分为对称式平衡和非对称性平衡两种形式（图1–15）。

3. 呼应

呼应是事物之间互相联系的一种形式。在服装画创作中，相关因素之间相互照应、相互关联必须考虑，具体包括上下、前后、内外的互相关联是否能给人和谐、统一的美感，一呼一应的协调为服装画营造出一种情境氛围，使得服装画增添几分灵性（图1–16）。

4. 节奏

节奏是在动与静的关系中产生。节奏主要体现在点、线、面的构成形式上， 引导人们视线不断移动而产生运动感。节奏本是音乐的术语，指音乐中音的连续，音与音之间的高低以及间隔长短在连续奏鸣下反映出的感受。在视觉艺术中点、线、面、体以一定的间隔、方向按规律排列，并由于连续反复之运动也就产生了韵律。这种重复变化的形式有三种：有规律的重复、无规律的重复和等级性的重复。这三种韵律的旋律和节奏不同，在视觉感受上也各有特点。在设计过程中要结合服装风格，巧妙应用以取得独特的韵律美感（图1–17）。

5. 主次

主次是对事物中局部与局部之间、局部与整体之间组合关系的要求，是任何艺术创作都必须遵循的形式法则。在服装画作品中，各部分之间的关系必须有主要部分和次要部分的区别。主要部分应有一种内在的统领性，它制约并决定着次要部分的变化，而次要部分是根据主要部分设置的，受主要部分的制约并对

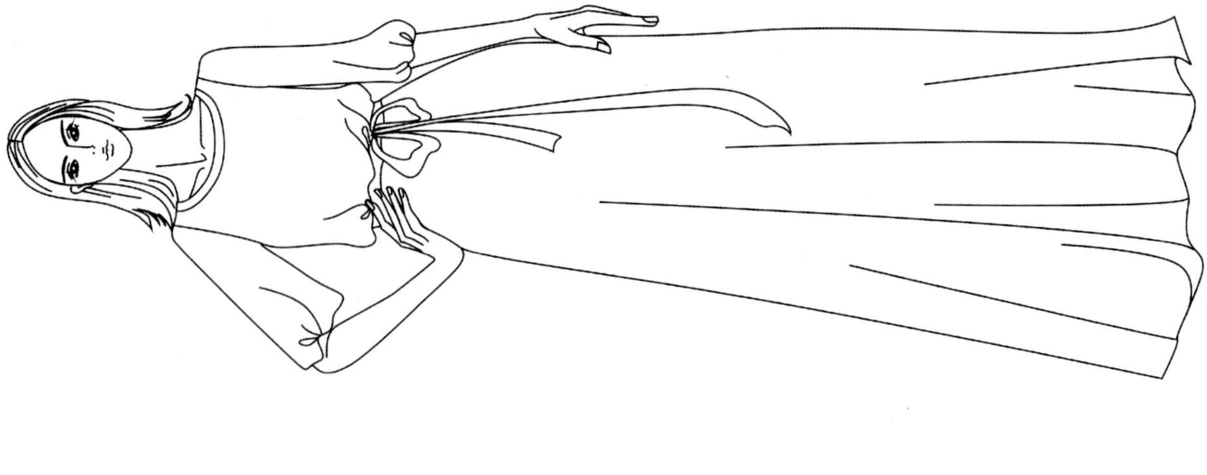

图1-14 比例

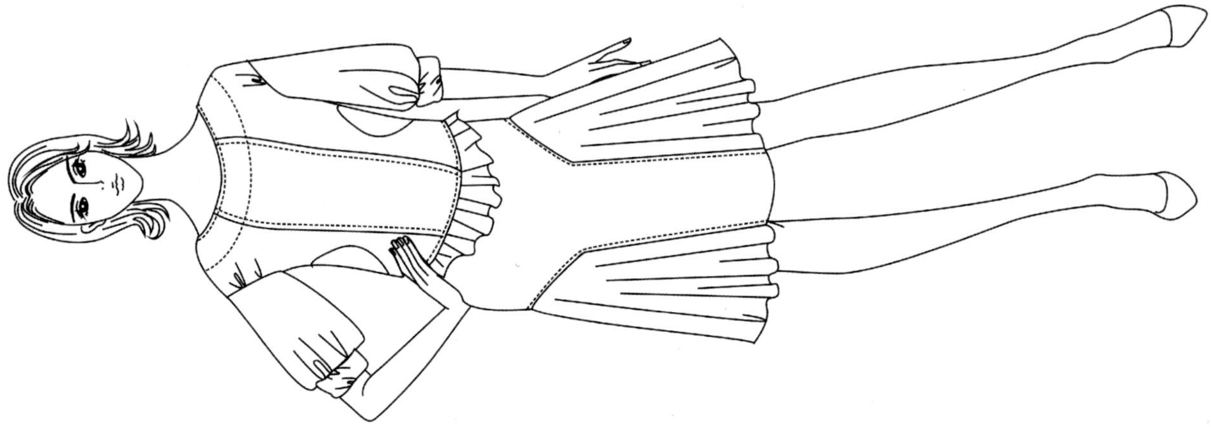

图1-15 平衡

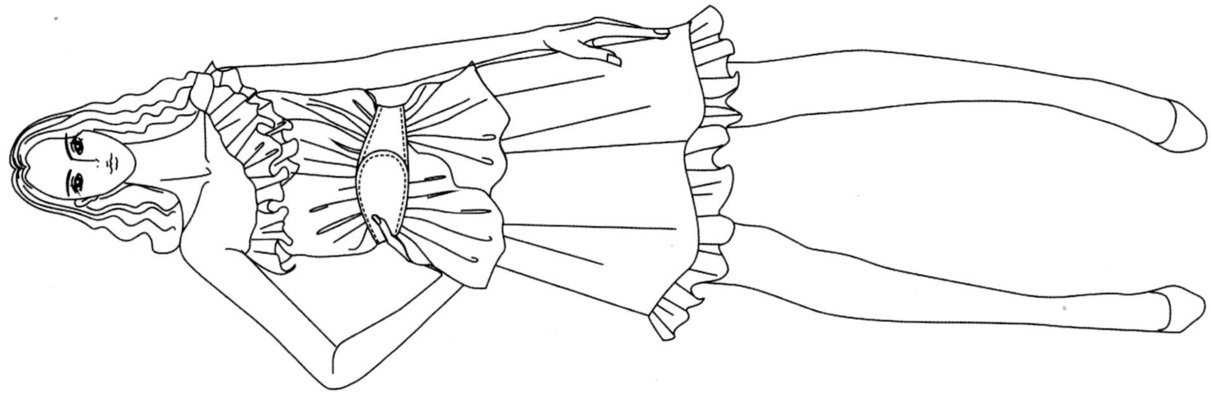

图1-16 呼应

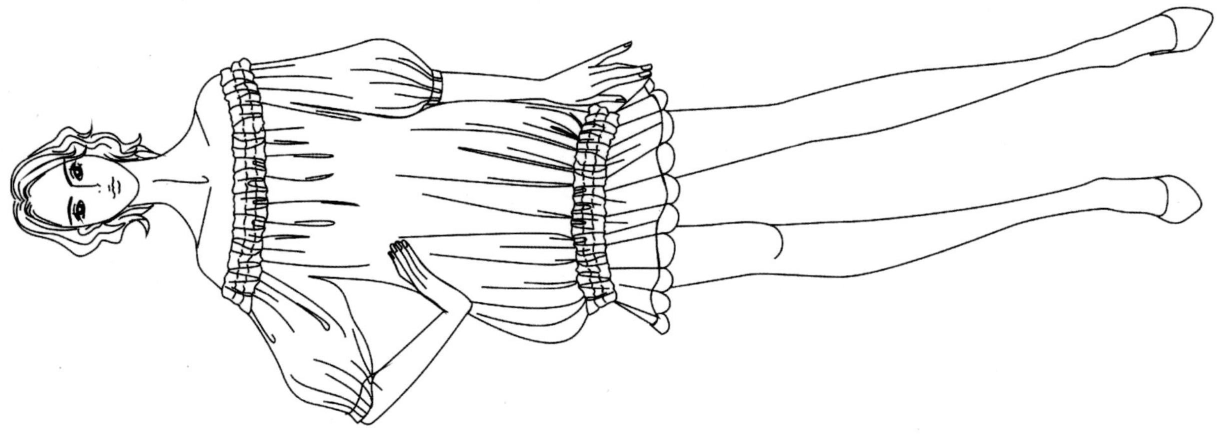

图1-17 节奏

主要部分起到烘托和陪衬作用。突出款式的设计，可以是突出外轮廓的造型设计，也可以是小细节的结构和工艺设计。色彩、面料、图案在其中起到烘托和呼应的作用（图1–18）。

6. 统一

统一是构成服装画形式美最基本、也是最重要的一条原则。变化是指相异的各种要素组合在一起时形成了一种明显的对比和差异的感觉，变化具有多样性和运动感的特征，而差异和变化通过相互关联、呼应、衬托达到整体关系的协调，使相互间的对立从属于有秩序的关系之中，从而形成了统一，具有同一性和秩序感。变化与统一的关系是相互对立又相互依存的统一体，缺一不可。在服装设计中既要追求款式、色彩的变化多端，又要防止各因素杂乱堆积缺乏统一性。在追求秩序美感的统一风格时，也要防止缺乏变化引起的呆板单调的感觉，因此，在统一中求变化，在变化中求统一，并保持变化与统一的适度，才能使服装设计日臻完美（图1–19）。

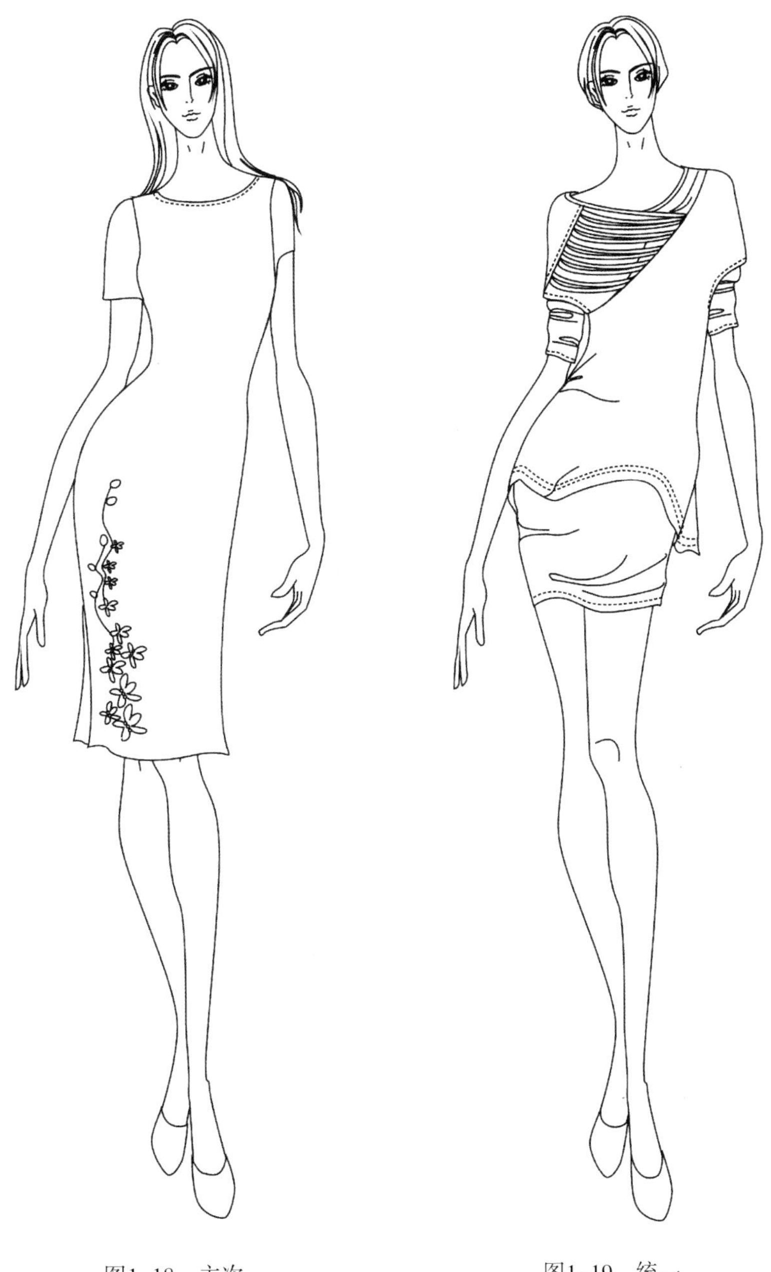

图1–18　主次　　图1–19　统一

二、服装画的表现步骤

如图1-20所示，服装画的表现步骤有：构思→初稿→正稿→着色→描线→背景。

1. 构思

设计构思是指设计者在创作中的思想意图，是观察生活或根据平时积累的素材资料，通过一定的艺术手段加工而成的。服装也不例外，但服装不是单纯的艺术欣赏品，而是建立在实用功能上的，传达形象思维的视觉艺术设计。服装设计的构思阶段是驰骋想象阶段，一系列的思维围绕自然原形和某种艺术形象塑造。服装设计构思和一般的艺术创作活动，既有共性，又有个性。其共同点是它们来自生活，来自设计者的思想意图。不同之处在于艺术创作相对有更多的独立性和主观性，而服装设计必须通过生产环节与市场销售才能体现其价值，带有较多的依附性和客观性。由于服装设计创作活动是人的主观思想的反映，所以在服装设计的构思中，必须要兼顾到下面的因素，服装构思方法主要体现在五个方面。

（1）意境上的抽象。究其意境，可以用服装造型艺术特有的手法表现这种韵味，使作品和大自然以及设计者的思想融为一体，以特有的魅力感染观众。

（2）文化上的碰撞。不同地域、不同历史文化有着不同的服饰特点，对这些服饰进行解构和重组，加入现代的设计元素，使不同的文化进行碰撞、搅拌可以勾兑出很特别的味道。这些正是服装设计构思的源泉。

（3）形式上的解构。构思决定形式，形式表现构思。服装设计的色彩、图案、材质等外在装饰形式都左右着服装设计的表现。不同的色彩搭配会有不同的视觉效果，同时，服装材质的不同也会产生不同的

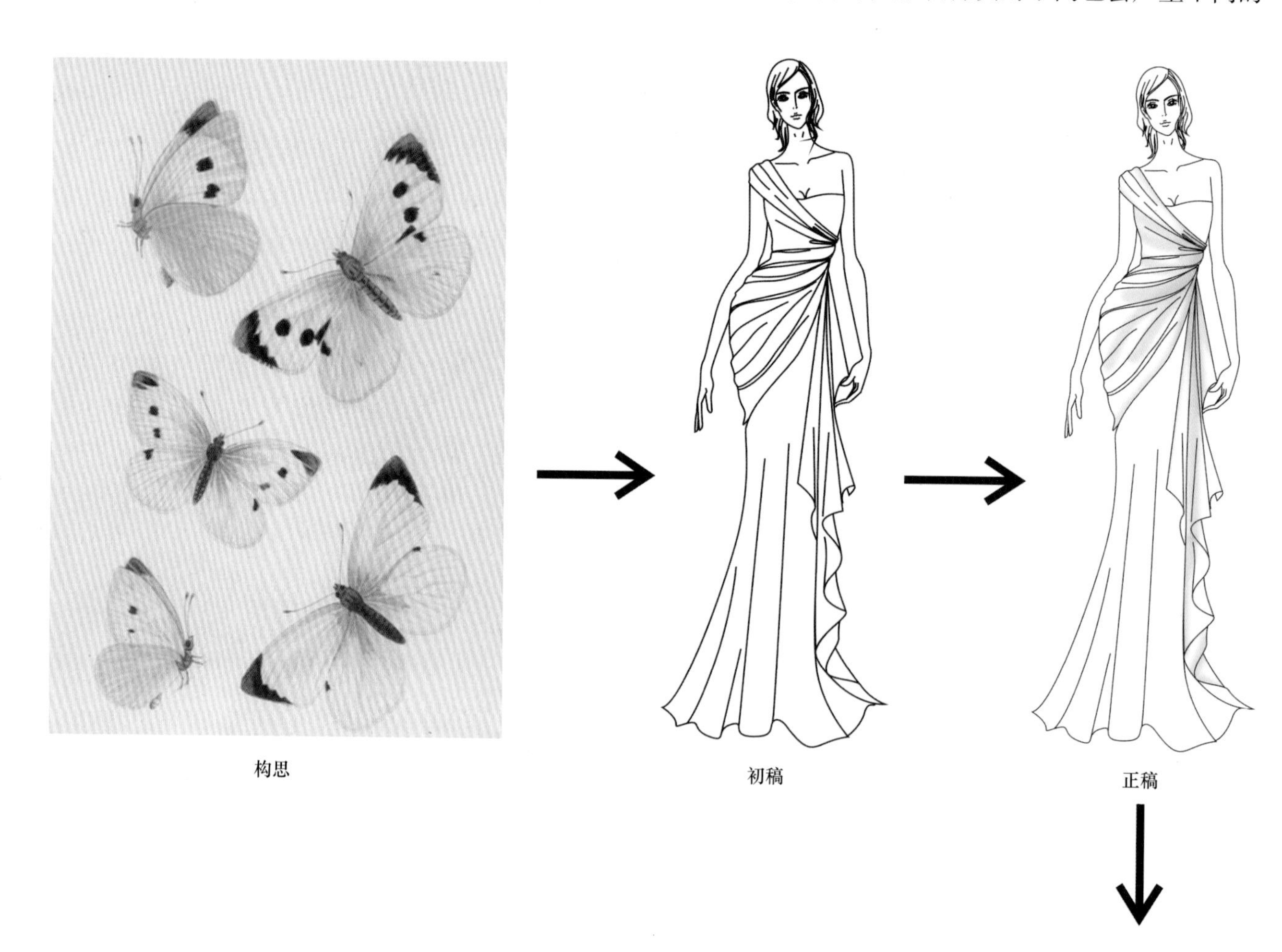

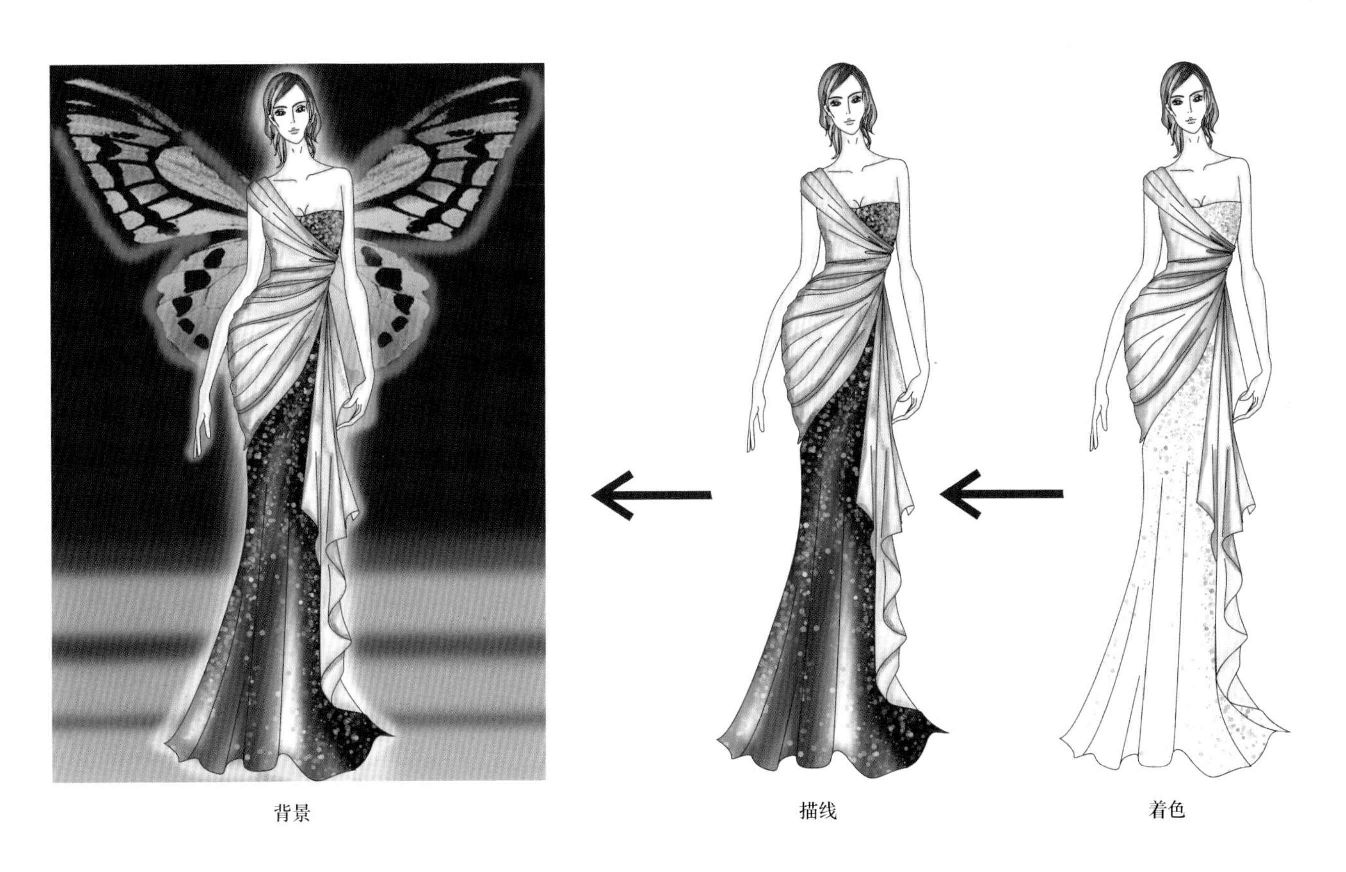

图1-20　服装画的表现步骤

效果。

（4）服装工艺上的手法。服装工艺有着强烈外在形式感和空间感的独特视觉美感。尤其是装饰工艺，在面料、色彩、款式诸要素中相对独立，我们可以欣赏一款服装的工艺之美，也可以享受一块被镂空的、镶缀的、抽穗的或布满刺绣针法服装的工艺之美。创造性的工艺手法及现实设计独特的审美特征已被许多设计师所关注。

（5）功能上的夸张。在现代的工作生活中，功能性服装基本是针对功能要求设计的。不可否认的是科学和艺术往往殊途同归，成功的科技功能性服装的外观和结构，仍然能唤起艺术的美感。我们在进行具体的设计时可以从功能特性出发，在融进和强调某些构成服装美的形式，就会产生出很好的设计效果。

2. **初稿**

服装设计构思确定后，可以在稿纸上画出初稿。服装画一般先用铅笔起稿，反映着衣人物的效果。人体通常是按人体头高与人体1：8的比例或更大的比例来表现，然后在人体上勾画出相应的服装款式。

3. **正稿**

初稿确定后，便可以定稿。定稿时可以用拷贝纸进行拷贝复制。在拷贝复制过程中，可以对画稿进行调整、修整，使轮廓线更加准确，线条更加简洁流畅。

4. **着色**

正稿完成后，便可以在正稿上着色。着色是指在铅笔线稿的基础上涂抹颜色。先是在人物的头部、面部、颈部、四肢等处着肤色，之后再涂服装的颜色，最后在皮肤与服装的表现上铺设稍暗的色彩层次以突出立体效果。为增加造型的体感，着色时多用同类的深色，并可趁第一遍色未干之际来涂抹以便色彩的更好衔接。

5. 描线

由于服装画的着色、用笔、层次通常比较简单、概括。描线的目的是为了突出人物造型，更准确地体现服装款式特征。当完成服装画的着色后，可采用勾线或描线的形式表现有关人物及服装款式。描线的粗细、深浅、颜色及视觉效果具体的表现需要变化来使用。表现五官以及肤色的线通常可细轻，表现服装款式的造型以及主要结构等使用的线则相应粗重些。

6. 背景

背景作为衬托服装人物及款式的处理，可在有关人物及服装设色时稍带添加适当的色彩或其他内容，也可在表现人物服装效果之后来设置背景，不过这种处理多是以不喧宾夺主为前提。

思考与练习题

1. 简述服装画有哪些特征？
2. 简述服装画配色方法有哪些？
3. 简述服装画表现原则之间的关系与区别。
4. 简述服装画的表现步骤有哪些？

应用理论——

人体造型表现技法

课题名称： 人体造型表现技法

课题内容： 人体比例与结构
女体表现法
男体表现法
童体表现法
五官表现法
人体的局部表现法

课题时间： 12课时

训练目的： 掌握人体比例与结构、女体表现法、男体表现法、童体表现法、五官表现法、人体的局部表现法等知识技能。

教学方式： 讲授法、举例法、示范法、启发式教学、现场实训教学相结合。

教学要求： 1. 掌握人体比例与结构。
2. 掌握女体表现法。
3. 掌握男体表现法。
4. 掌握童体表现法。
5. 掌握五官表现法。
6. 掌握人体的局部表现法。

第二章　人体造型表现技法

人体造型在服装画中起到很重要的地位。服装画中的人物造型表现在于追求人体各部位比例的协调及动态造型上良好的气质表现。因此，与一般客观的人体比例有所区别。一般成年人的比例为七个头高或七个半头高，而服装画中的成年人体则夸张为八个半头高、九个头高、十个头高甚至十一个头高。

第一节　人体比例与结构

服装设计师首先应该了解人体的结构，要把人体画得像，不仅要有立体的概念，而且要把握住人体的比例。在绘画艺术中，人体比例以头高为单位，成年人的人体比例通常按九个头高进行绘制，儿童的头部较大，人体比例通常按五个头高进行绘制。

由于生理关系及发育生长的原因，人体除了在高度、围度方面存在差异，在体态外形方面也存在着显著差异，这种差异主要表现在以下几个方面，如表2-1所示。

表2-1　人体特征区别

序号	部位	人体特征		
		男性	女性	儿童
1	肩部	一般肩阔而平，肩头略前倾，整个肩膀俯瞰呈弓形。肩部表面呈曲面状	一般较男性肩窄而斜，肩头前倾度、肩膀弓形状及肩部曲面均较男性显著	一般肩狭而薄，肩头前倾度、肩膀弓形状及肩部曲面状均明显弱于成年人
2	胸部	整个胸部呈球面状	由于乳峰的隆起，使得胸部呈圆锥面状	一般胸部的球面状程度与成年人相仿
3	背部	背部有肩胛骨微微隆起，后腰节长大于前腰节长（简称腰节差）	背部肩胛骨突起较男性明显，前后腰节差明显小于男性，女性是前腰节长大于后腰节长	肩胛骨的隆起却明显弱于成年人，背部平直略带后倾成为儿童体型的一个明显的特征
4	腰部	腰节较长，腰部凹陷明显，侧腰部呈曲面状	腰节较短，腰部凹陷较男性明显，侧腰部的曲面状更为显著	腹部呈球面状突起，致使腰节不明显，凹陷模糊
5	臀部	臀窄且小于肩宽，后臀外凸较明显，呈一定的球面状，臀、腰围差值显著（简称臀腰差），一般在10～16cm	臀宽且大于肩宽，后臀外凸更明显，呈一定的球面状，臀腰差比男性更为显著，一般在20～24cm	臀窄且外凸不明显，臀腰差几乎不存在

从脚部向上算起，男性人体中点在耻骨位置，女性略高；男性乳头几乎在第六个头高处，女性略低；男女膝关节均在第二个头高略上，男性略高；男性第五个头高几乎是腰部最窄的截面，女性略高；男女腹

脐均在第五个头之下，女性略高；男性左右肩峰的连线（即肩宽），为2个头高，女性略窄于2个头高；大臂约等于1.5个头长；小臂约等于1.1个头长。双手伸开约等于全身高度（图2–1）。

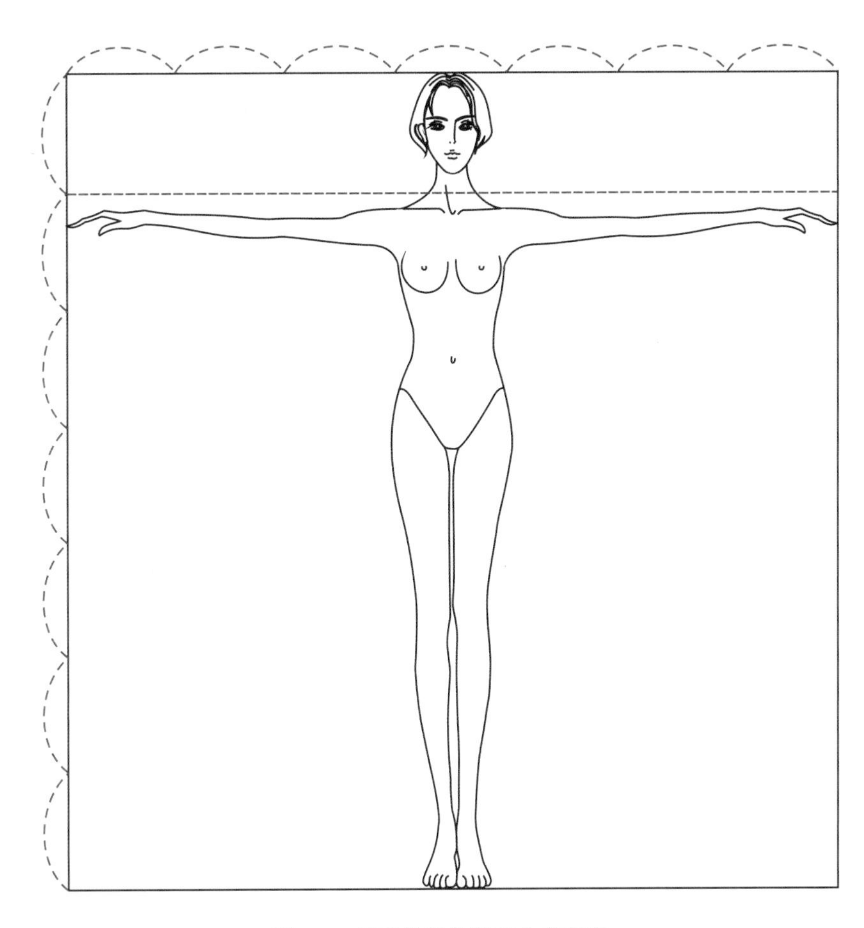

图2–1　双手伸开约等于全身高度

第二节　女体表现法

人体比例把握准确与否将直接影响着装后的服装比例效果。因此，掌握人体比例是绘制服装画重要的环节。

一、静态站立女体绘画步骤

（1）如图2–2（1）所示，按人体九个头高比例进行绘画，画好人体中心线，然后按比例确定脸宽线、肩部、腰部、臀部、膝盖、踝骨等辅助线。

（2）如图2–2（2）所示，画出人体头部。

（3）如图2–2（3）所示，画出人体肩线至腰围线的梯形和腰围线至臀围线的梯形。

（4）如图2–2（4）所示，画出人体腿和脚。

（5）如图2–2（5）所示，画出人体手臂和手掌。

（6）如图2–2（6）所示，画出人体脖子、胸廓曲线。

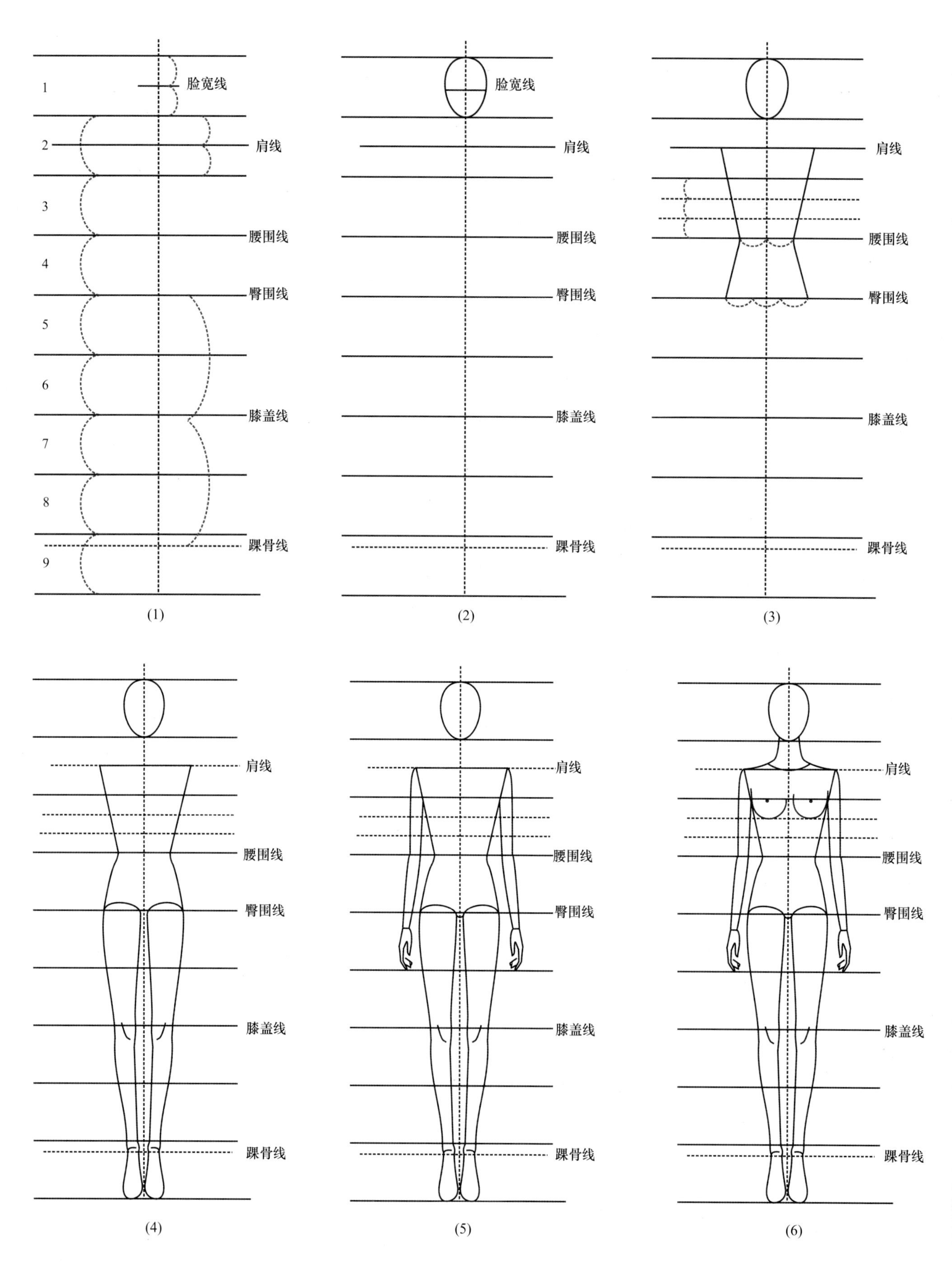

图2-2 静态站立女体绘画步骤

二、动态站立女体绘画步骤

（1）如图2-3（1）所示，按人体九个头高比例进行绘画，画好人体中心线，然后按比例确定脸宽线、肩部、腰部、臀部、膝盖、踝骨等辅助线。

（2）如图2-3（2）所示，画出人体头部、动态中的腰和臀基础线。

（3）如图2-3（3）所示，画出动态中的人体肩线至腰部梯形和腰部至臀部梯形。

（4）如图2-3（4）所示，画出动态中的左边人体腿和脚。

（5）如图2-3（5）所示，画出动态中的右边人体腿和脚。

（6）如图2-3（6）所示，画出人体脖子和动态中的人体腰部。

（7）如图2-3（7）所示，画出动态中的人体手臂和手掌。

（8）如图2-3（8）所示，画出动态中人体胸廓曲线。

（9）如图2-3（9）所示，完成动态站立女体绘画。

三、常用动态女体实例

动态变化主要是通过人体的头部、肩部、手臂、腿的位置变化来实现的，躯干变化不是很明显。动态人体是为服装款式造型特征而服务的。为此，在绘制动态人体时，可以根据所设计的服装款式特征来确定合适的动态人体。在此例举一些常用动态女体实例（图2-4）。

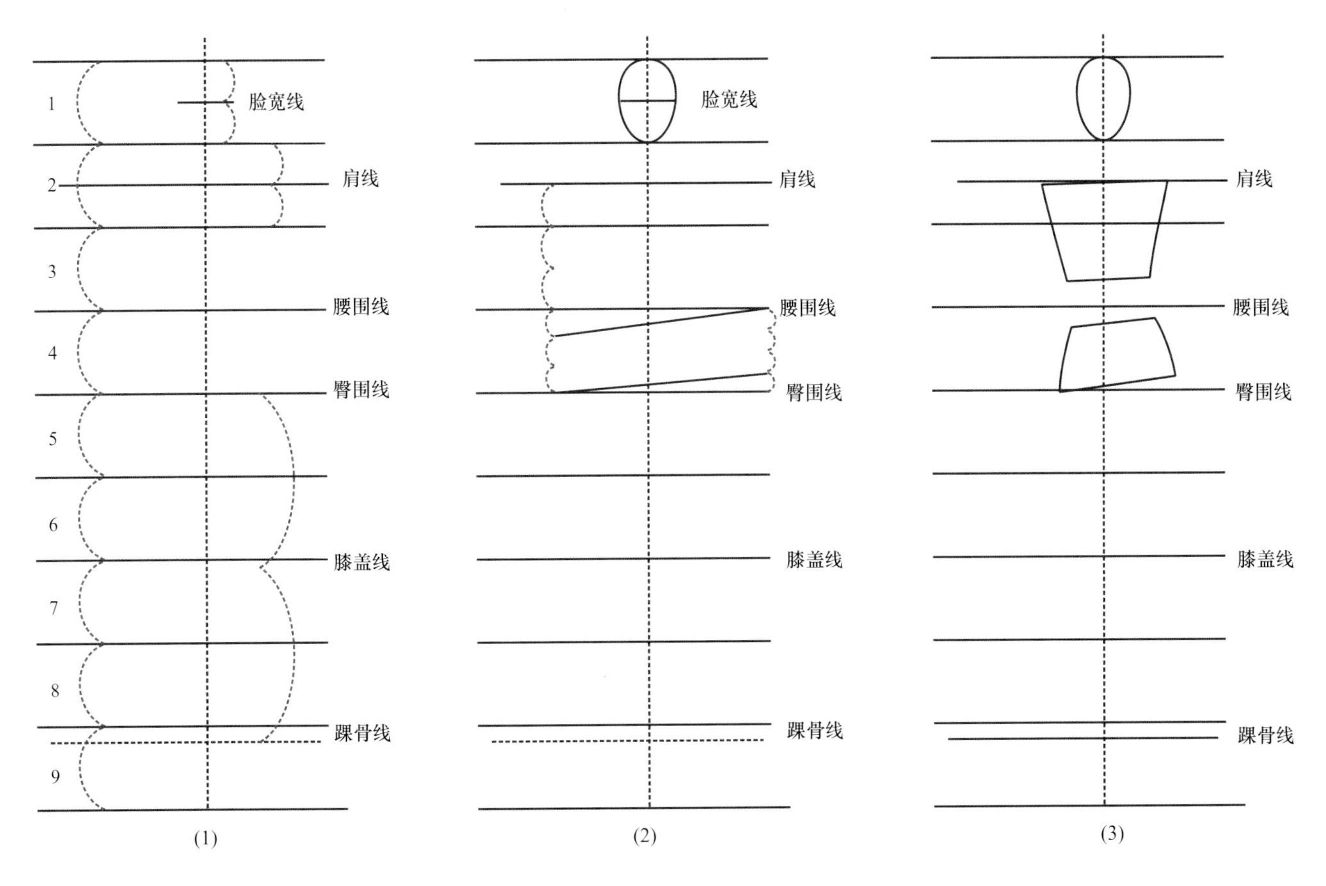

图2-3

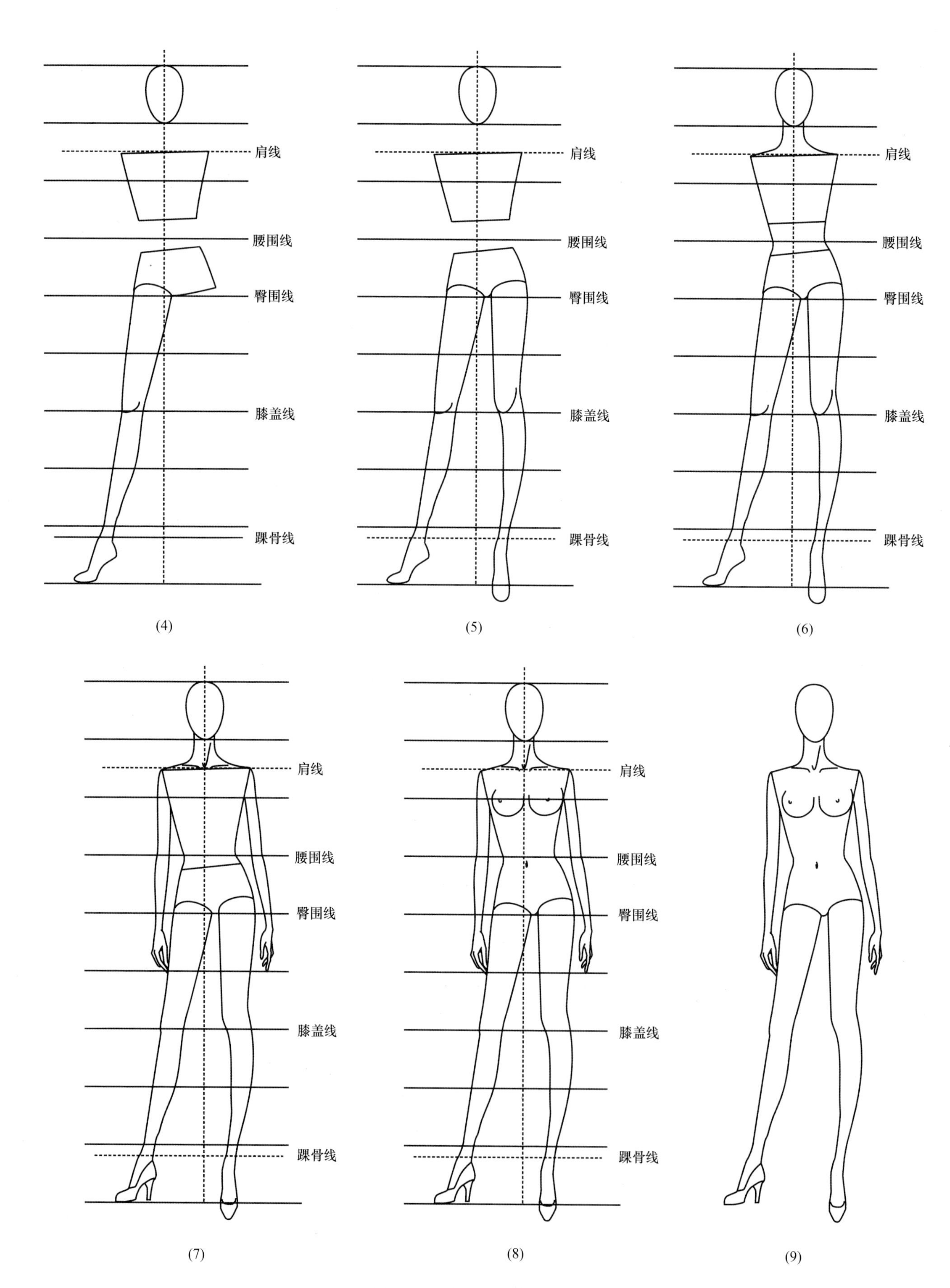

图2-3 动态站立女体绘画步骤

图2-4

图2-4　常用动态女体实例

第三节　男体表现法

一、静态站立男体绘画步骤

（1）如图2-5（1）所示，按人体九个头高比例进行绘画，画好人体中心线，然后按比例确定脸宽线、肩部、腰部、臀部、膝盖、踝骨等辅助线。

（2）如图2-5（2）所示，画出人体头部。

（3）如图2-5（3）所示，画出人体肩线至腰围线的梯形和腰围线至臀围线的梯形。

（4）如图2-5（4）所示，画出脖子和人体躯干轮廓线。

（5）如图2-5（5）所示，画出人体手臂和手掌轮廓线。

（6）如图2-5（6）所示，画出人体腿和脚的形状。

（7）如图2-5（7）所示，画出人体手指。

（8）如图2-5（8）所示，画出人体胸廓、男体肌肉块。

（9）如图2-5（9）所示，画出男体头发和脸部五官。

二、常用动态男体实例

动态变化主要是通过人体的头部、肩部、手臂、腿的位置变化来实现的，躯干变化不是很明显。动态人体是为服装款式造型特征而服务的。为此，在绘制动态人体时，可以根据所设计的服装款式特征来确定合适的动态人体。在此例举一些常用动态男体实例（图2-6）。

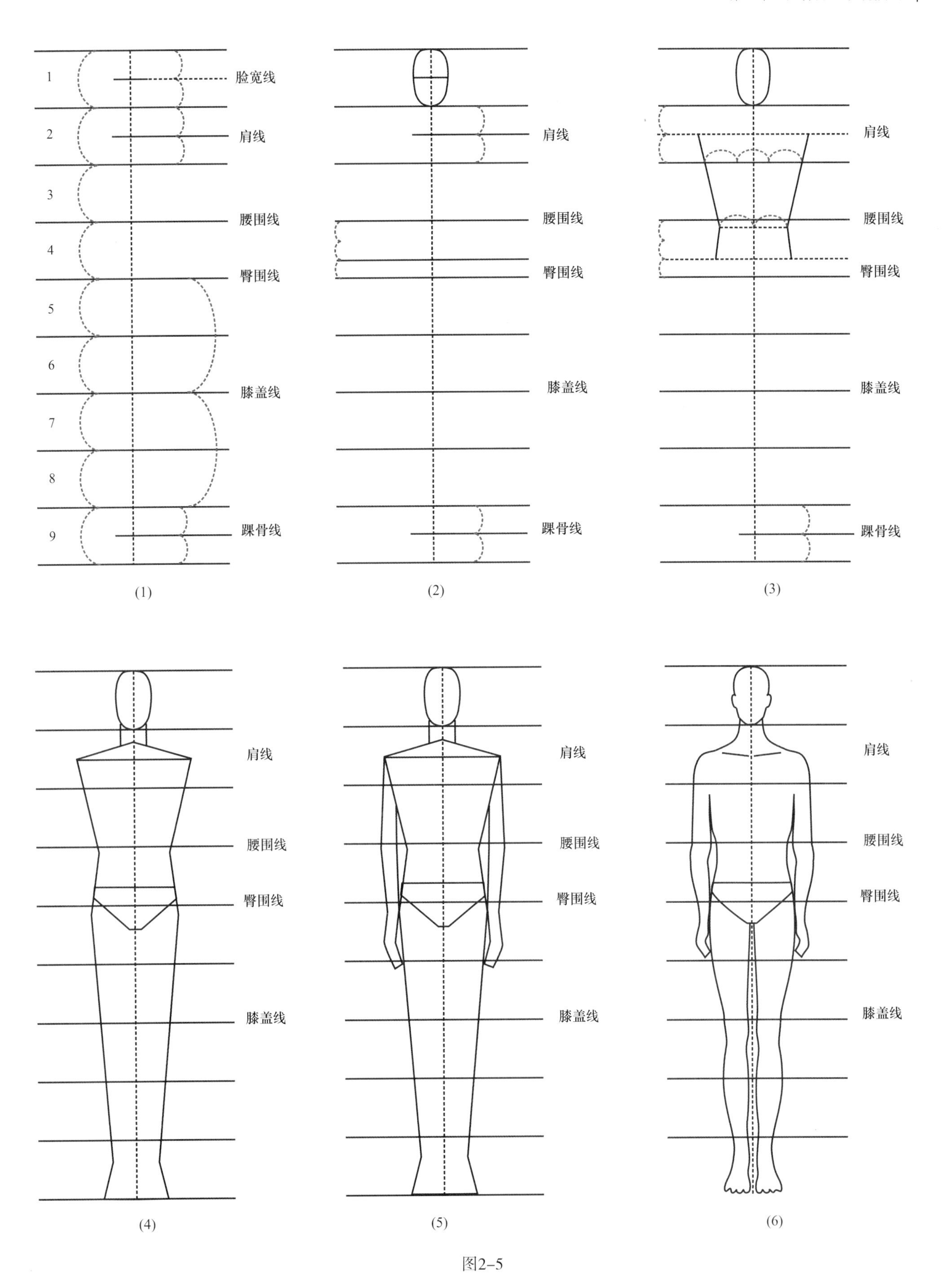

图2-5

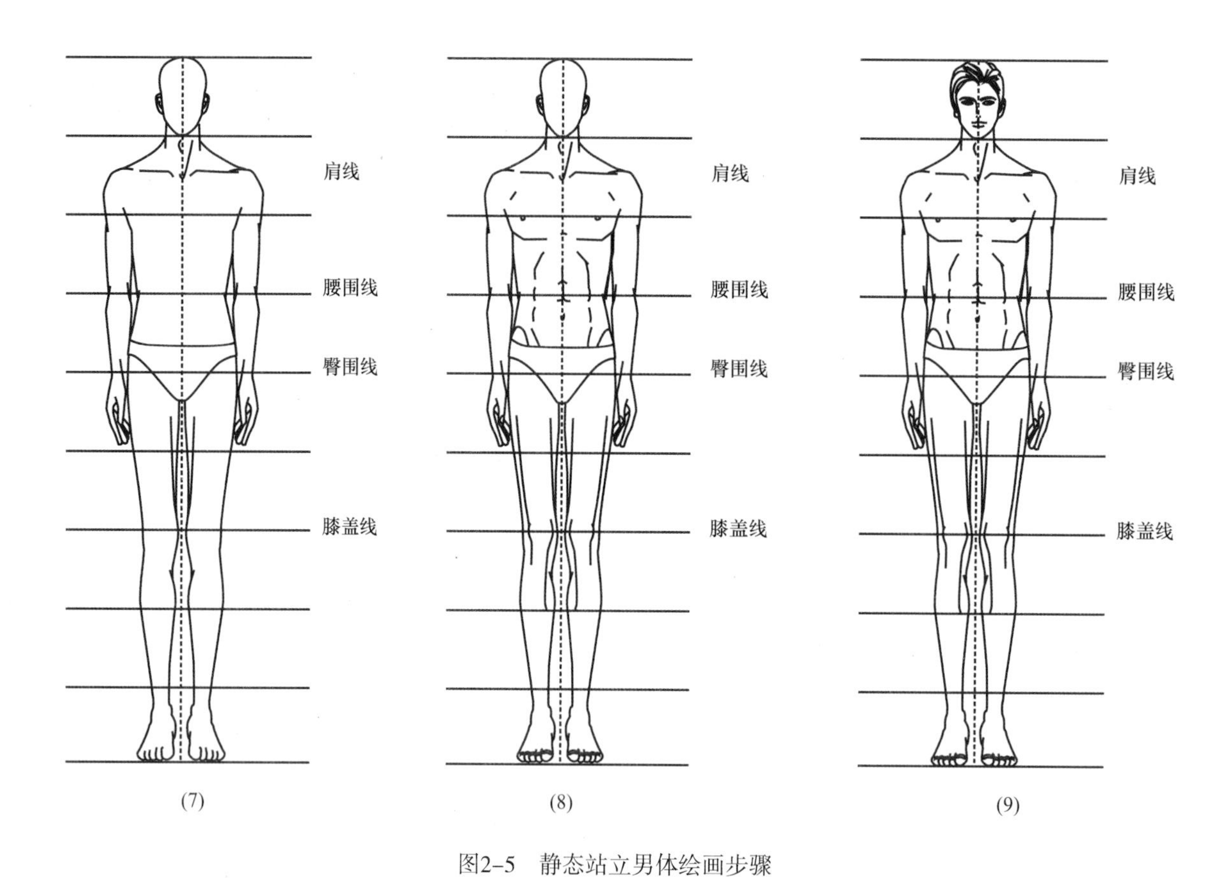

图2-5 静态站立男体绘画步骤

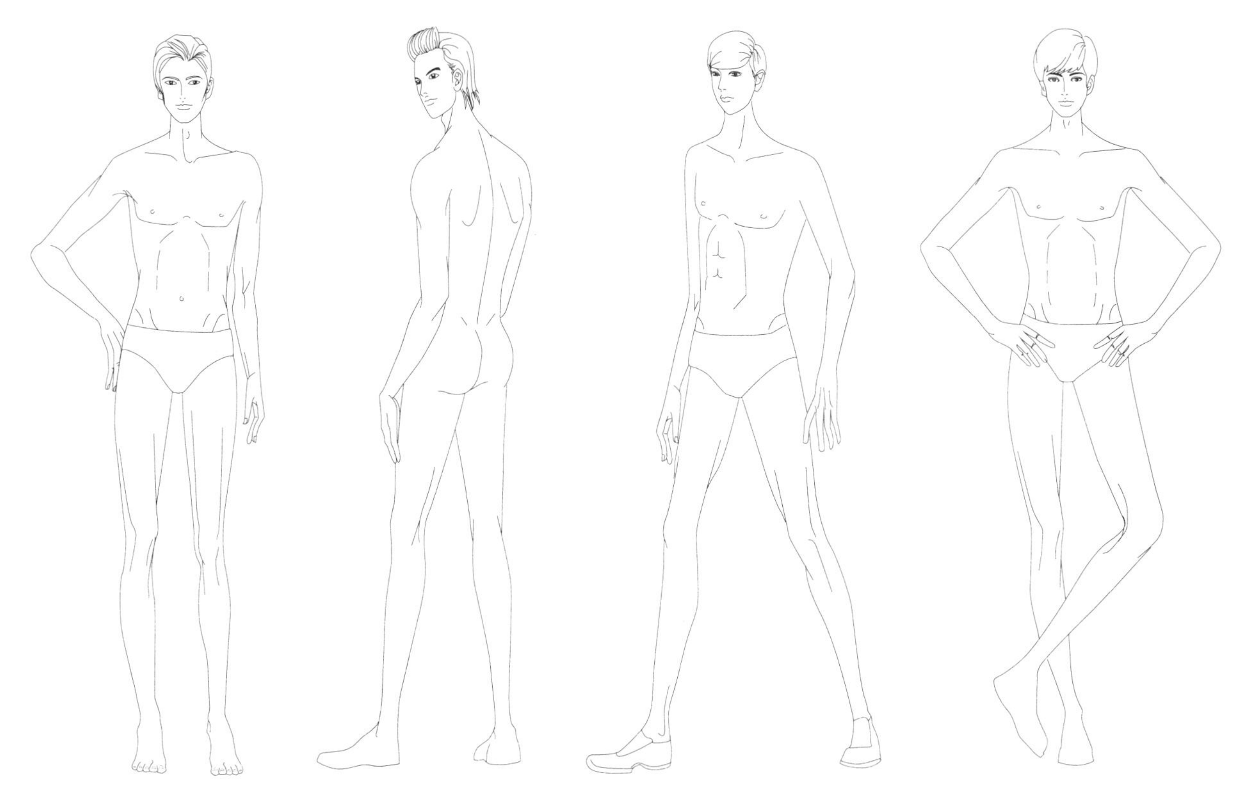

图2-6　常用动态男体实例

第四节　童体表现法

一、静态站立童体比例

儿童的生长可以分婴幼期（0～3岁）、儿童（也称小童，4～6岁）、少年（也称中童，7～12岁）、青少年（也称大童，13～16岁）四个阶段，每个阶段身高的表现是不一样的。儿童是人一生发育长身体最快的时期，掌握好儿童各个阶段的人体比例（图2-7），是进行童装设计的重要环节。

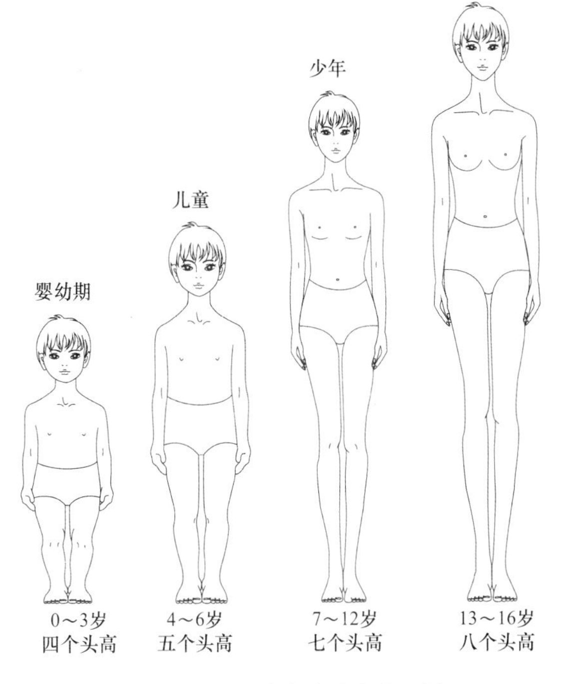

图2-7　儿童各个阶段的比例

二、常用动态童体实例

动态变化主要是通过人体的头部、肩部、手臂、腿的位置变化来实现的。躯干变化不是很明显。动态人体是为服装款式造型特征而服务的。为此，在绘制动态人体时，可以根据所设计的服装款式特征来确定合适的动态人体。在此例举一些常用动态童体实例（图2-8～图2-12）。

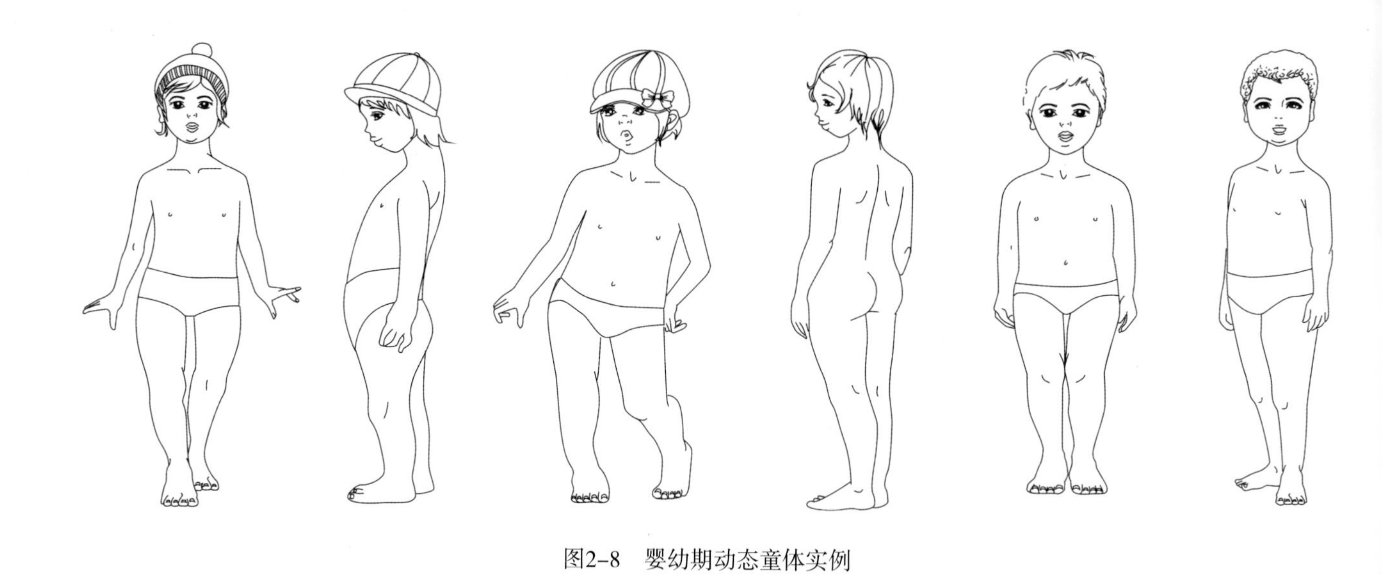

图2-8　婴幼期动态童体实例

图2-9　小童期动态女童体实例

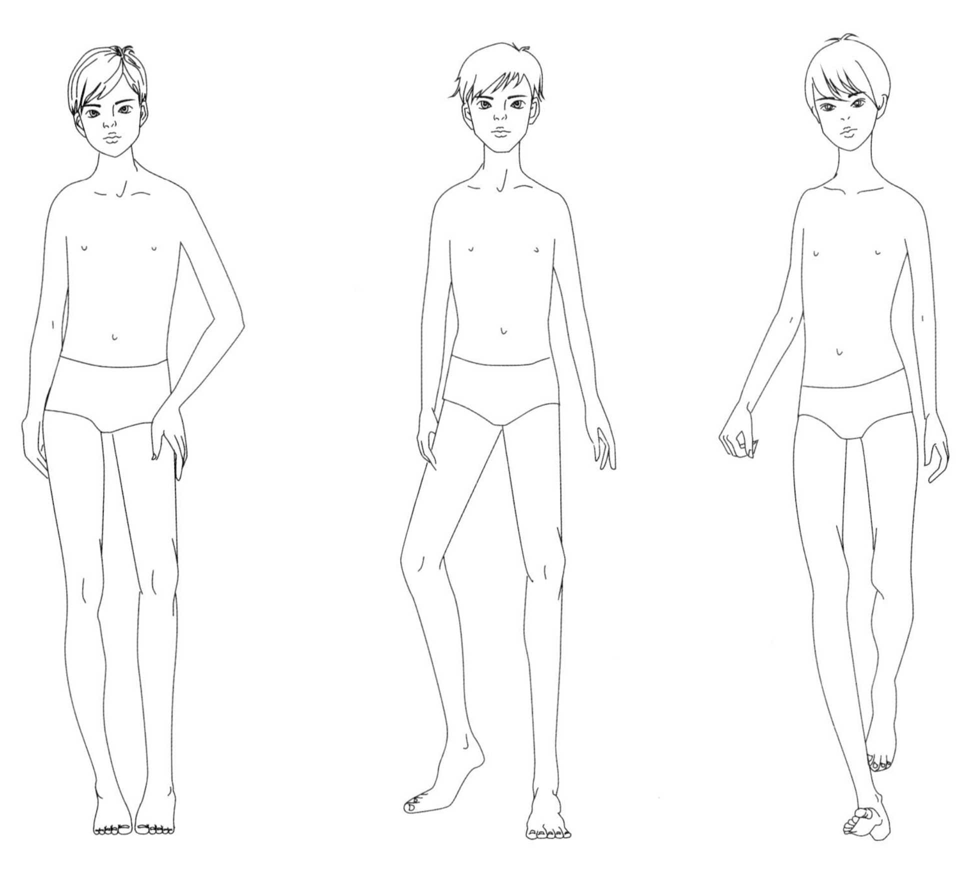

图2-10 中童期动态男童体实例

图2-11 大童期动态女童体实例

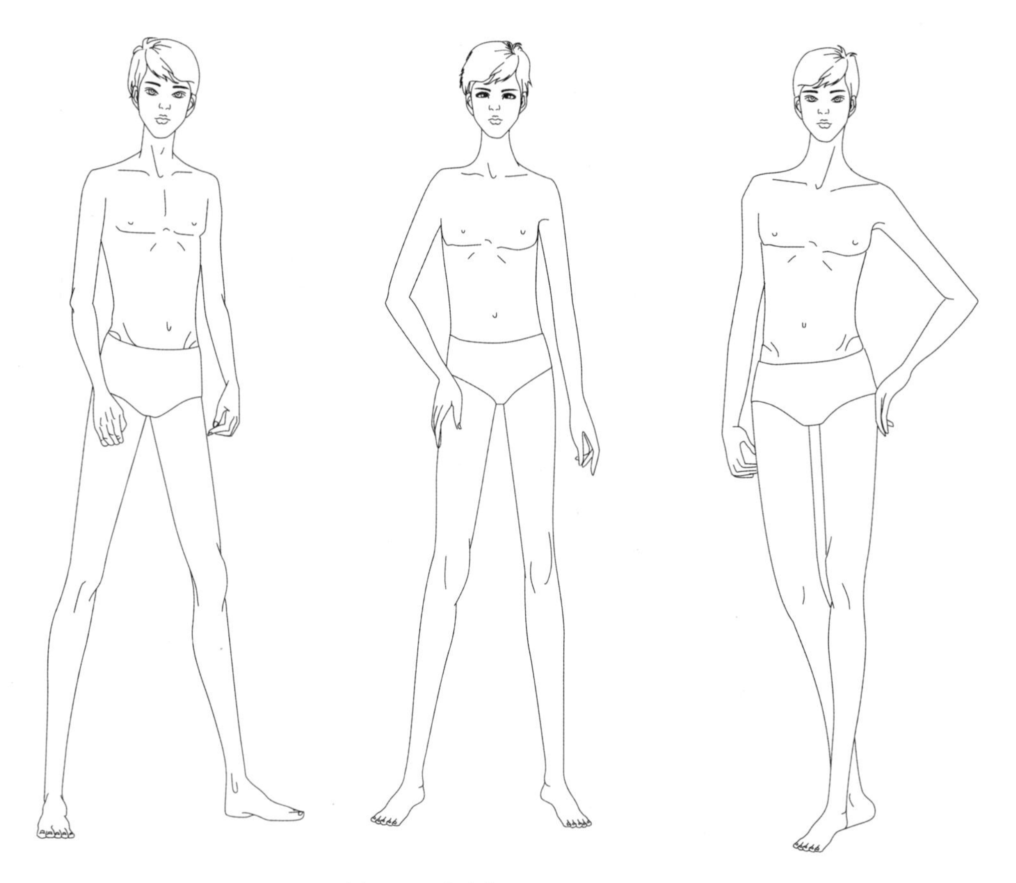

图2-12　大童期动态男童体实例

第五节　五官表现法

人体头部和五官是画好人体的最重要的部位，也是难度最大的部位。一张漂亮的面孔总能使人赏心悦目。五官是指“眉、眼、耳、鼻、口（嘴）”。

一、头部

头部正面比例是“三庭五眼”。头部正面绘图步骤如图2-13、图2-14所示，“三庭”指面部长度分为

图2-13　头部正面绘图步骤

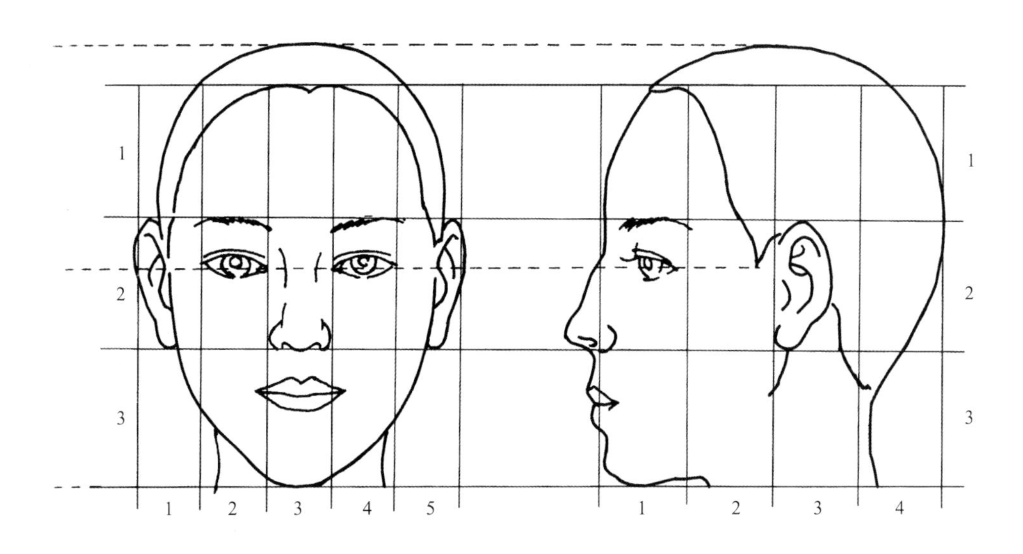

图2-14 头部绘画步骤

三等分，从发际至眉毛为一庭，从眉毛至鼻底为二庭，从鼻底至下颏为三庭。“五眼” 即面部宽度为5个眼睛长。两个内眼角间距为一个眼睛长，外眼角至耳轮廓外侧为一个眼睛长。如图2-15所示为头部侧面绘画比例。

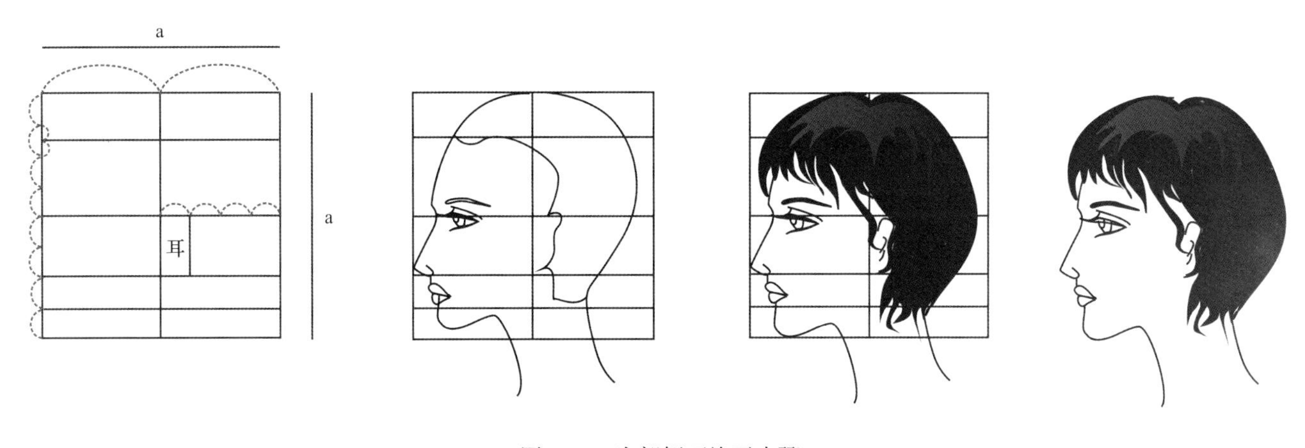

图2-15 头部侧面绘画步骤

二、眉毛和眼睛

眼睛是人类心灵的一扇窗户，眼神能传达丰富的情感，是人最关键的表情部位。

画眼睛和眉毛的步骤如图2-16 ~ 图2-20所示，服装设计师要画好眼睛首先要了解眼睛的结构，眼睛是一个球状体，球状的眼珠表面的眼黑部分较为突出，上下眼睑覆盖在眼球之上。侧面的眼珠画成半球状，并利用睫毛表现出秀美的感觉。眉毛要画得简洁流畅，表现出清秀细长的感觉。眉毛和眼睛的各种形态见图2-21。

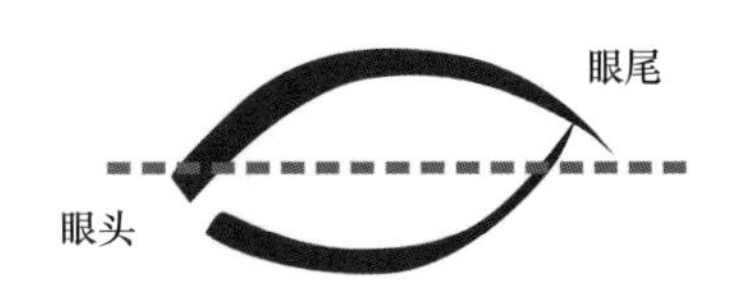

描绘眼部时，要注意上下轮廓线的圆滑感，上眼线较下眼线深。

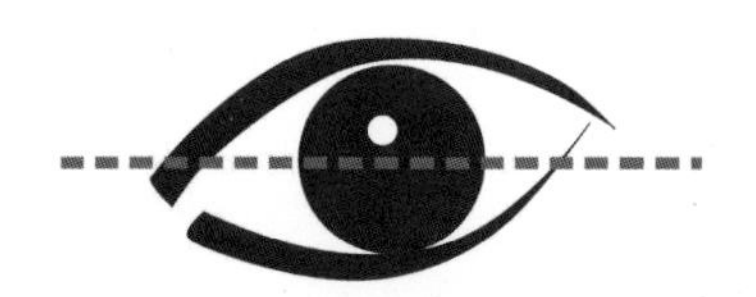

眼珠约四分之一隐藏在上眼皮中，位置稍偏眼尾，瞳孔的光点可随光线来源方向变化。

眼尾加上睫毛，弧度向上弯曲，笔触由重渐轻。

图2-16 画眼睛的步骤

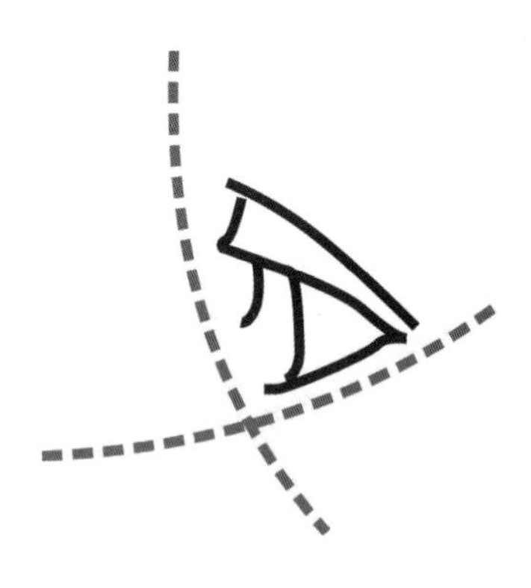
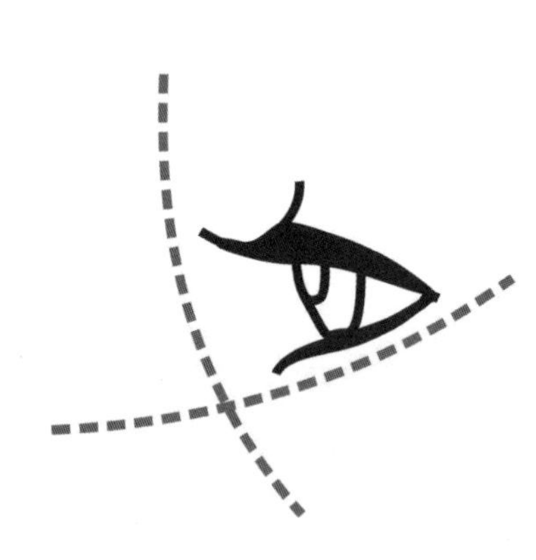
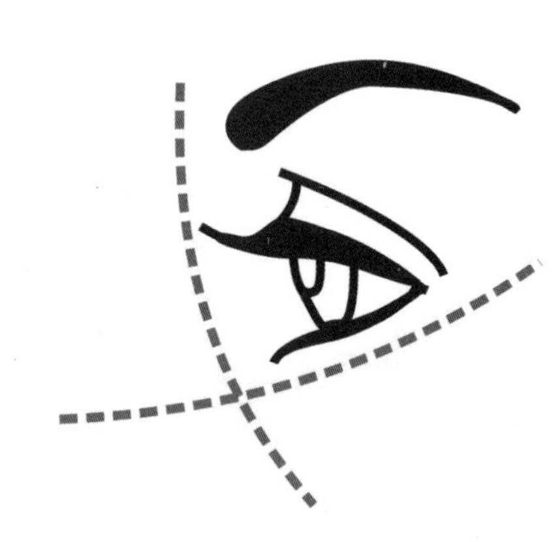

图2-17 眼睛侧面绘画步骤

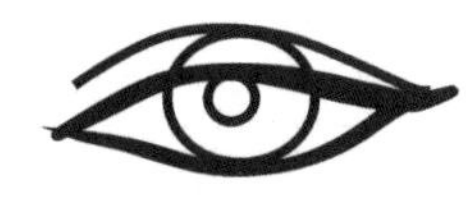

图2-18 眼睛正面绘画步骤

图2-19 眉毛绘画步骤

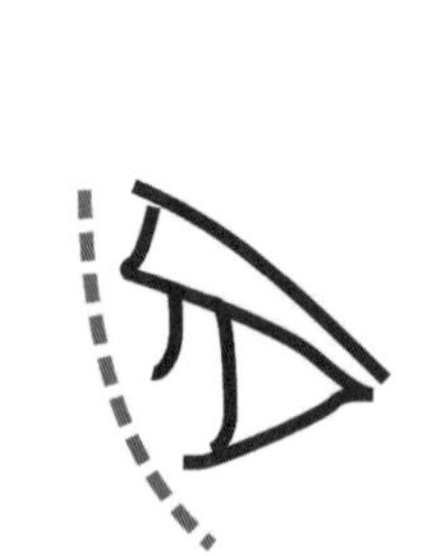

图2-20 眉毛和眼睛绘画步骤

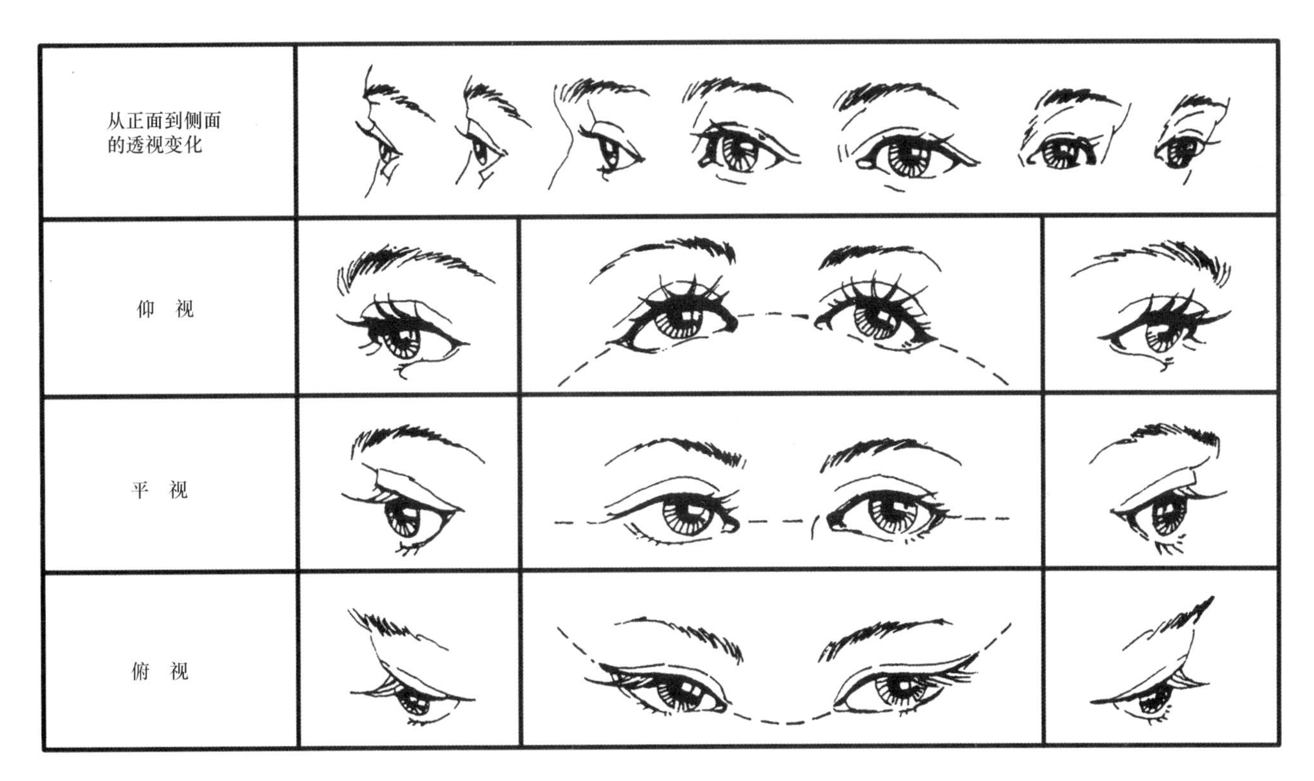

图2-21 眉毛和眼睛各种形态

三、耳

画耳的步骤如图2-22、图2-23所示，耳包括外耳、中耳和内耳三部分。听觉感受器位于内耳，外耳包括耳廓和外耳道等部分。耳廓的前外面上有一个大孔，叫外耳门，与外耳道相接。耳廓呈漏斗状，有收

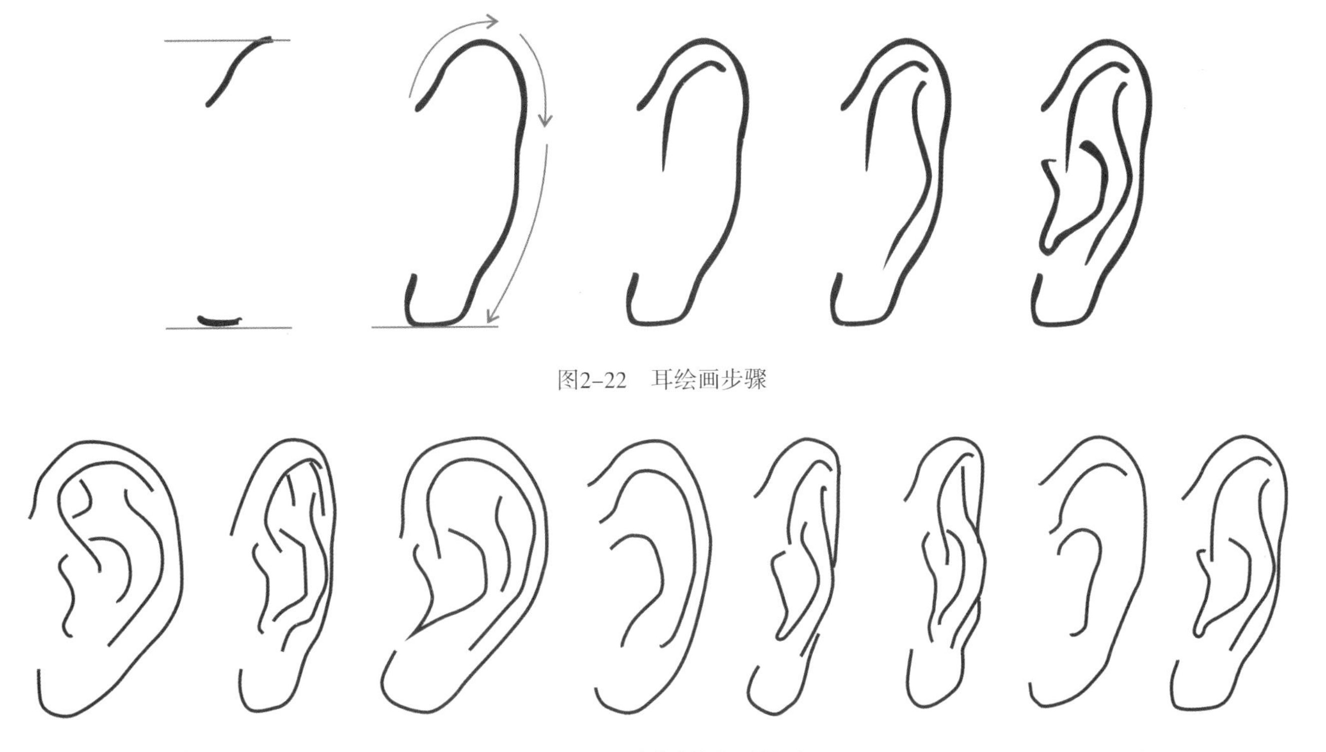

图2-22 耳绘画步骤

图2-23 不同形状的耳绘画

集外来声波的作用。它的大部分由位于皮下的弹性软骨作支架，下方的小部分在皮下只含有结缔组织和脂肪，这部分叫耳垂。

四、鼻

鼻的绘画步骤如图2-24、图2-25所示，鼻包括外鼻、鼻腔和鼻旁窦（鼻窦）三部分。鼻的骨架由上侧及外侧的软骨所组成。在鼻腔的上方、上后方和两旁，由左右成对的四对鼻窦环绕，鼻腔和鼻窦位于颅前窝、颅中窝、口腔及眼眶之间。

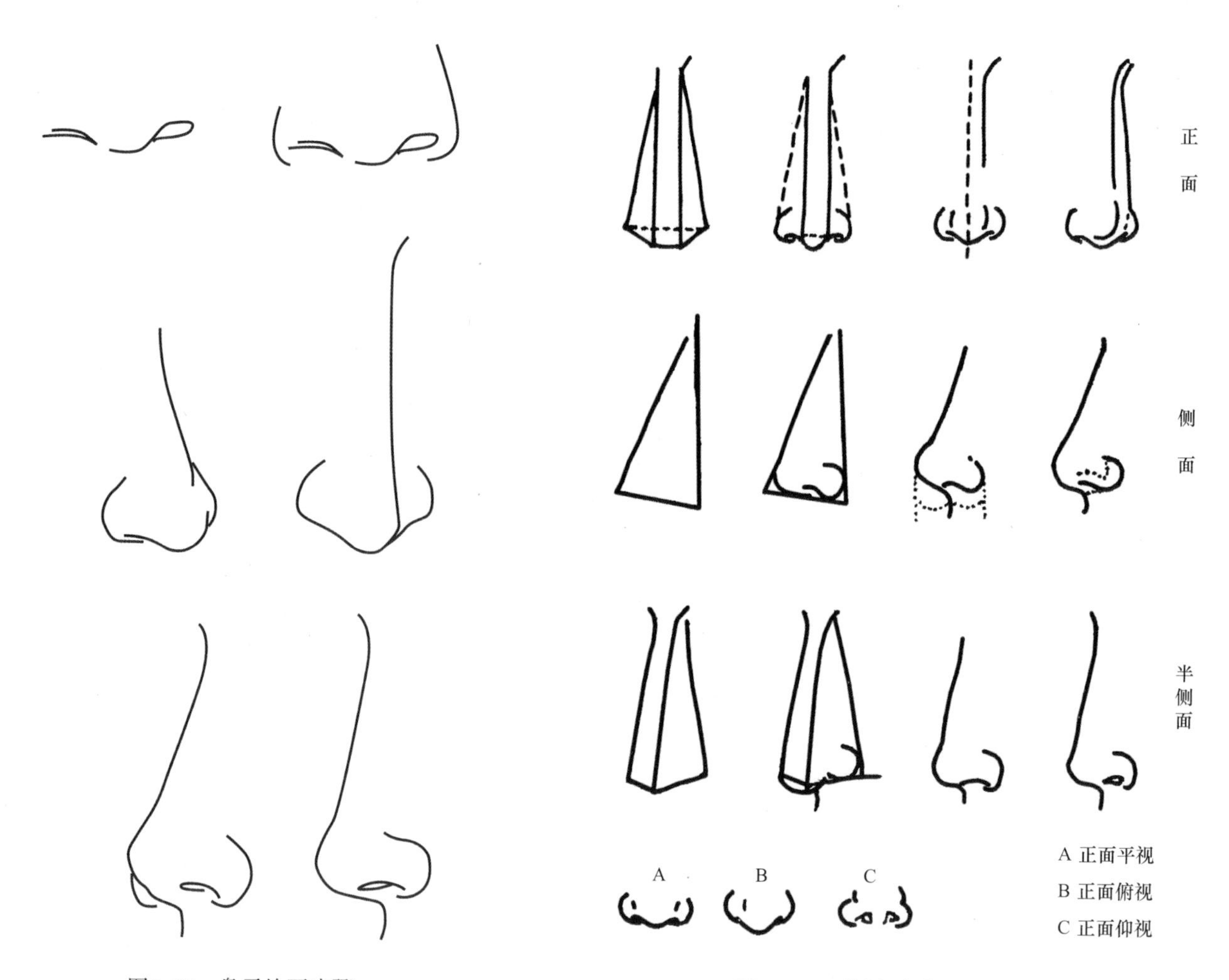

图2-24 鼻子绘画步骤

图2-25 不同方向鼻子绘画步骤

五、嘴

嘴的绘画步骤如图2-26、图2-27所示，嘴分为上唇和下唇，闭在一起时只有一条横缝，两头叫口角，嘴唇的上唇中部有一条发育程度不同的纵沟，称为人中，这是人类特有的结构，也是构成上唇美的必要因素。嘴不同形态的绘画实例如图2-28所示。

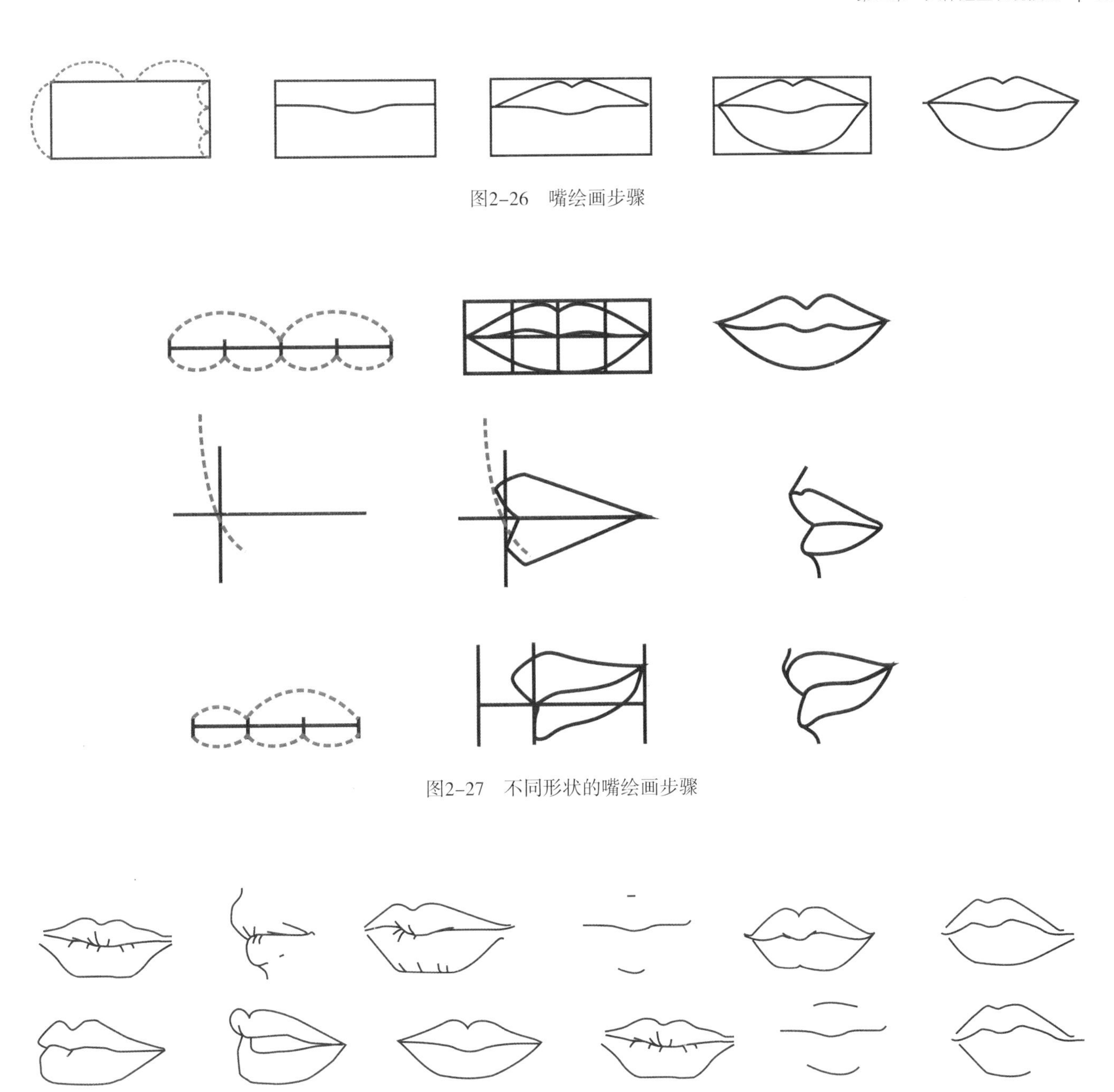

图2-26　嘴绘画步骤

图2-27　不同形状的嘴绘画步骤

图2-28　不同形态的嘴绘画实例

第六节　人体的局部表现法

一、腿

腿的绘画步骤如图2-29所示，图2-30是不同形态腿的绘画实例。腿指从脚踝到大腿根部这一段肢体。在膝上至胯下的称大腿，在膝下至脚上称小腿。

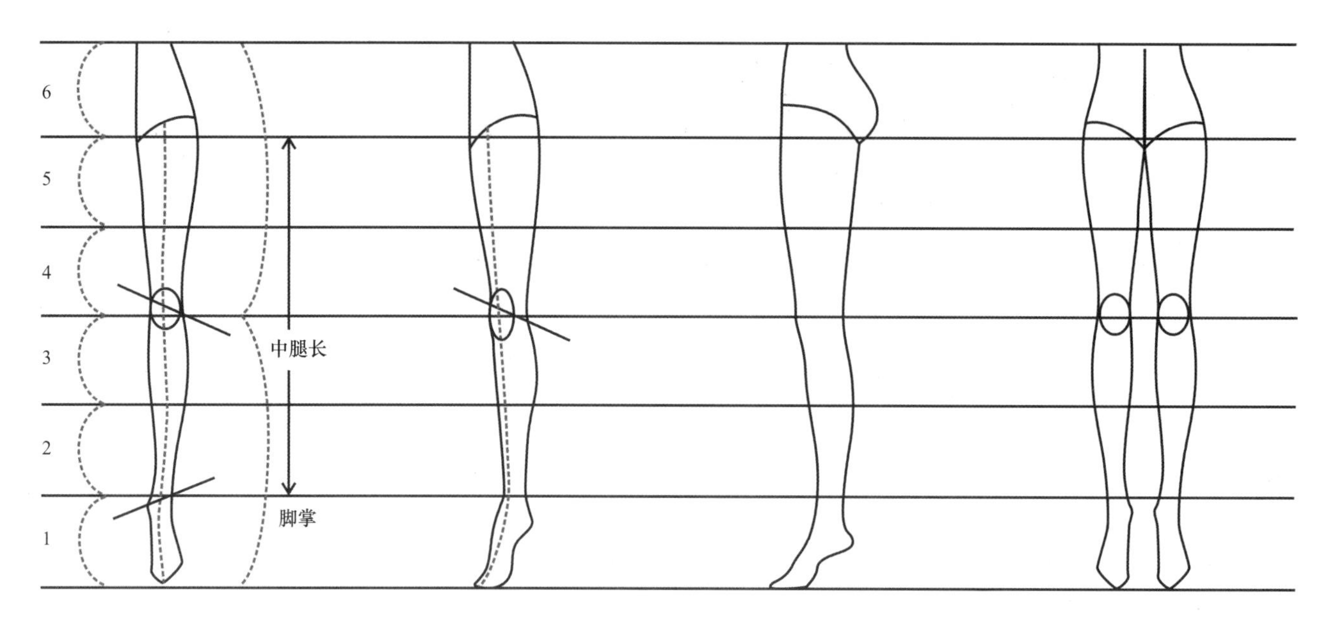

图2-29 腿的绘画步骤

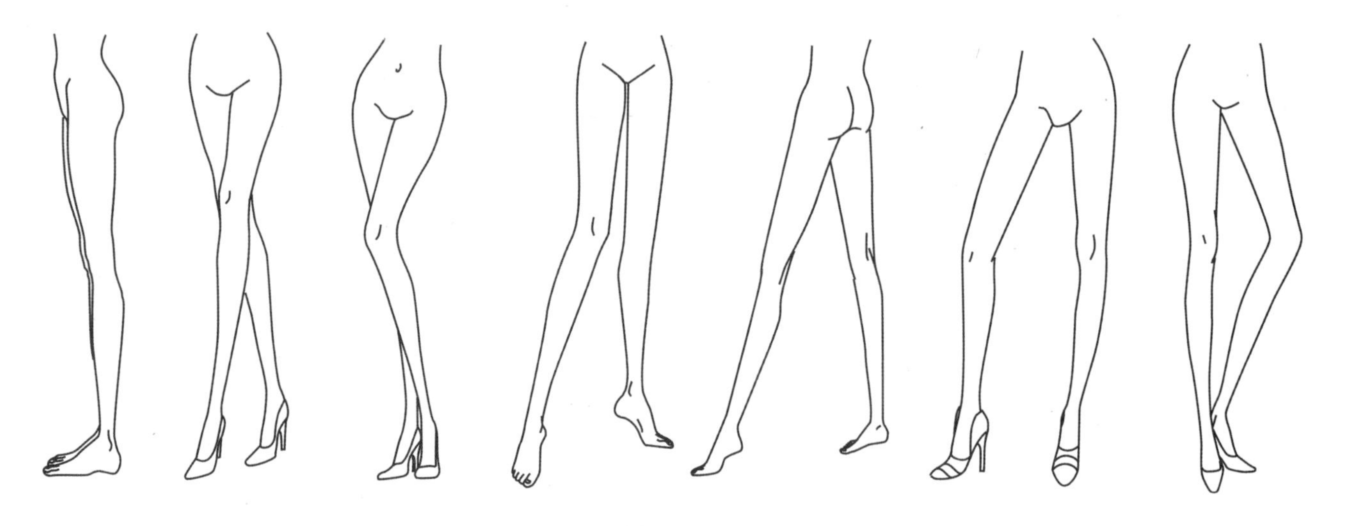

图2-30 不同形态腿的绘画实例

二、脚

脚的绘画步骤如图2-31所示，图2-32是不同形态脚的绘画实例。脚是指人身体最下部接触地面的部分，脚由脚心、脚掌、脚背、脚跟组成。

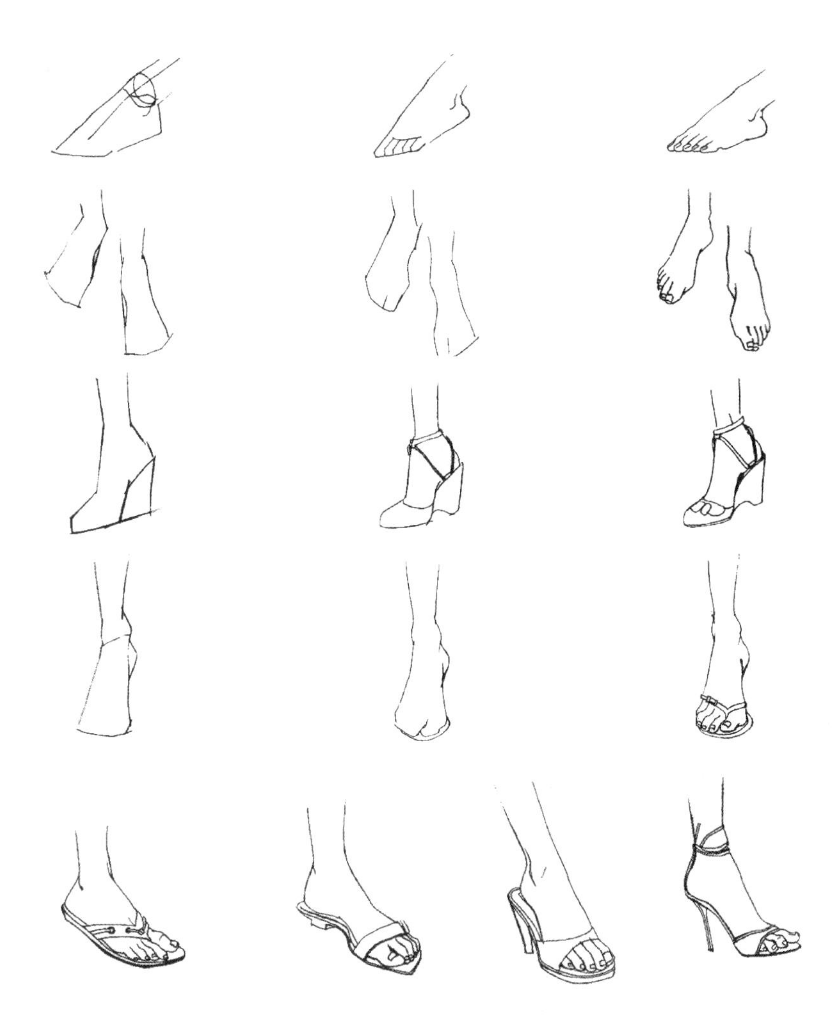

图2-31　不同形态脚的绘画步骤

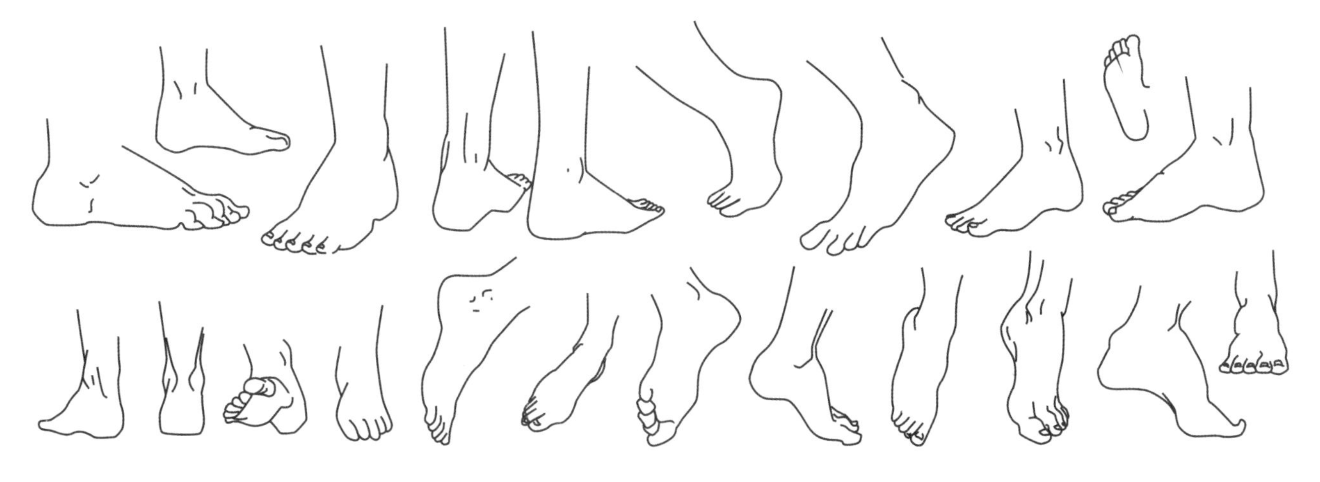

图2-32　不同形态脚的绘画实例

三、手臂

手臂的绘画如图2-33所示，手臂是人体的上肢。上肢能运动灵巧是因为由肩部肌、臂肌、前臂肌和手肌组成。

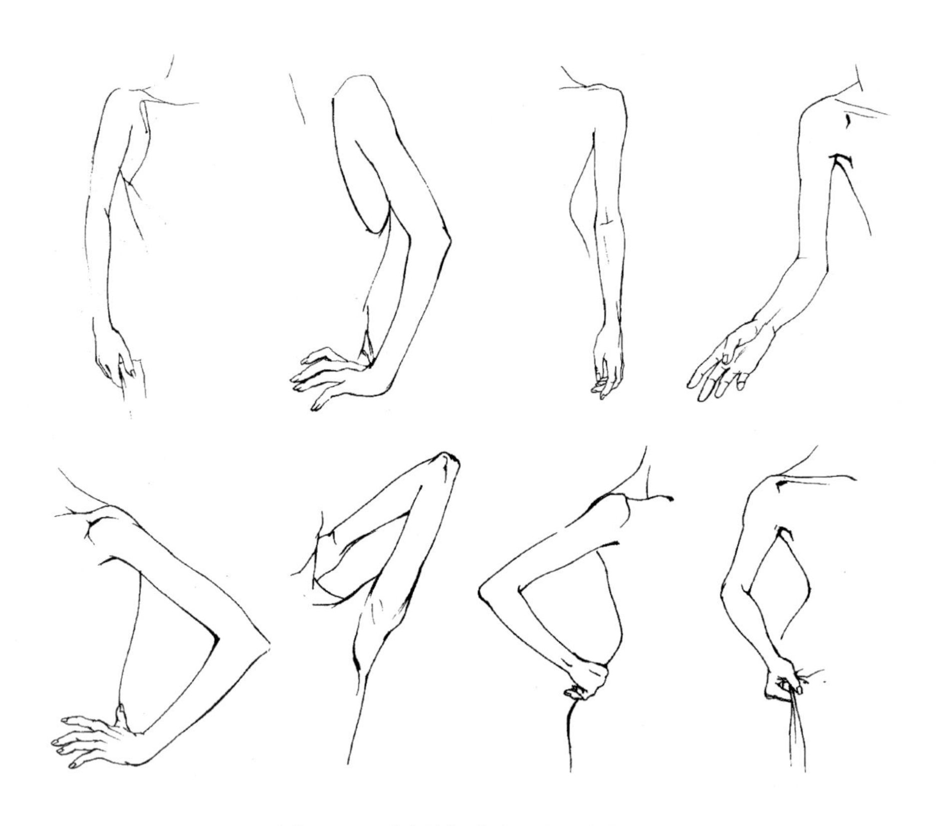

图2-33　不同形态手臂的绘画实例

四、手

手的绘画步骤如图2-34所示，手由手指及手掌组成，手指包括大拇指、食指、中指、无名指、小指（又名尾指），五指的尖端有指甲，而且各有长短。手掌的中心称为掌心，而掌心中有掌纹。手绘画实例如图2-35所示。

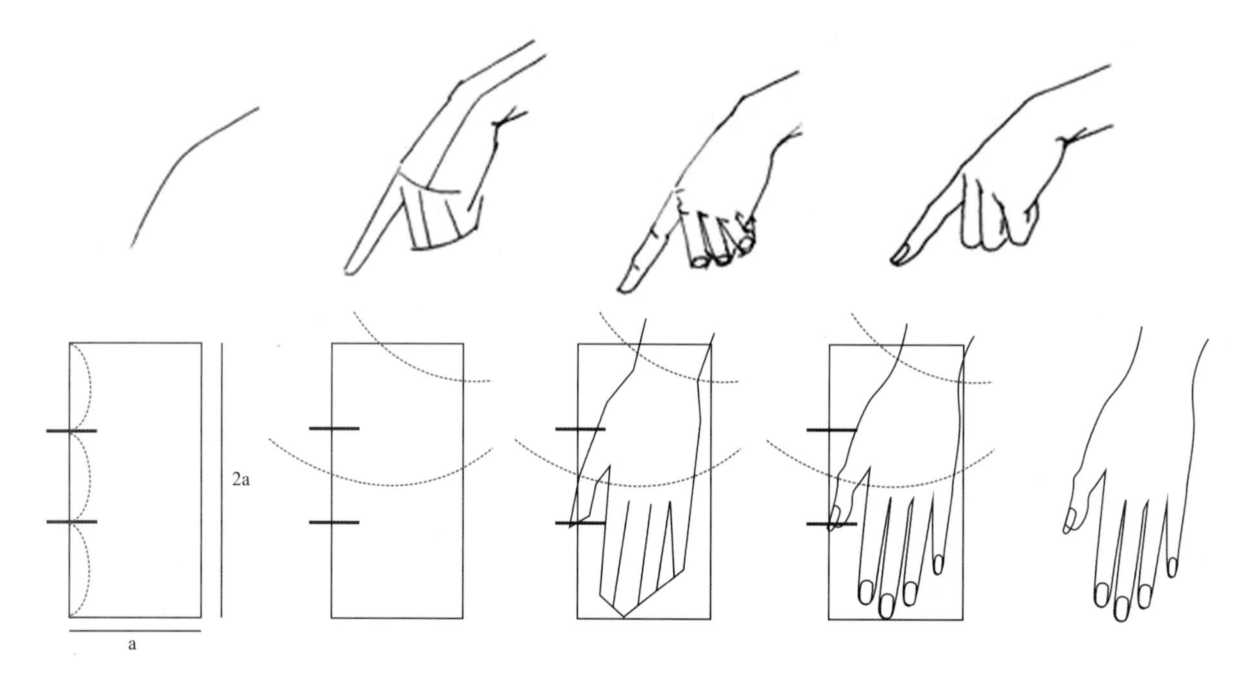

图2-34　手绘画步骤

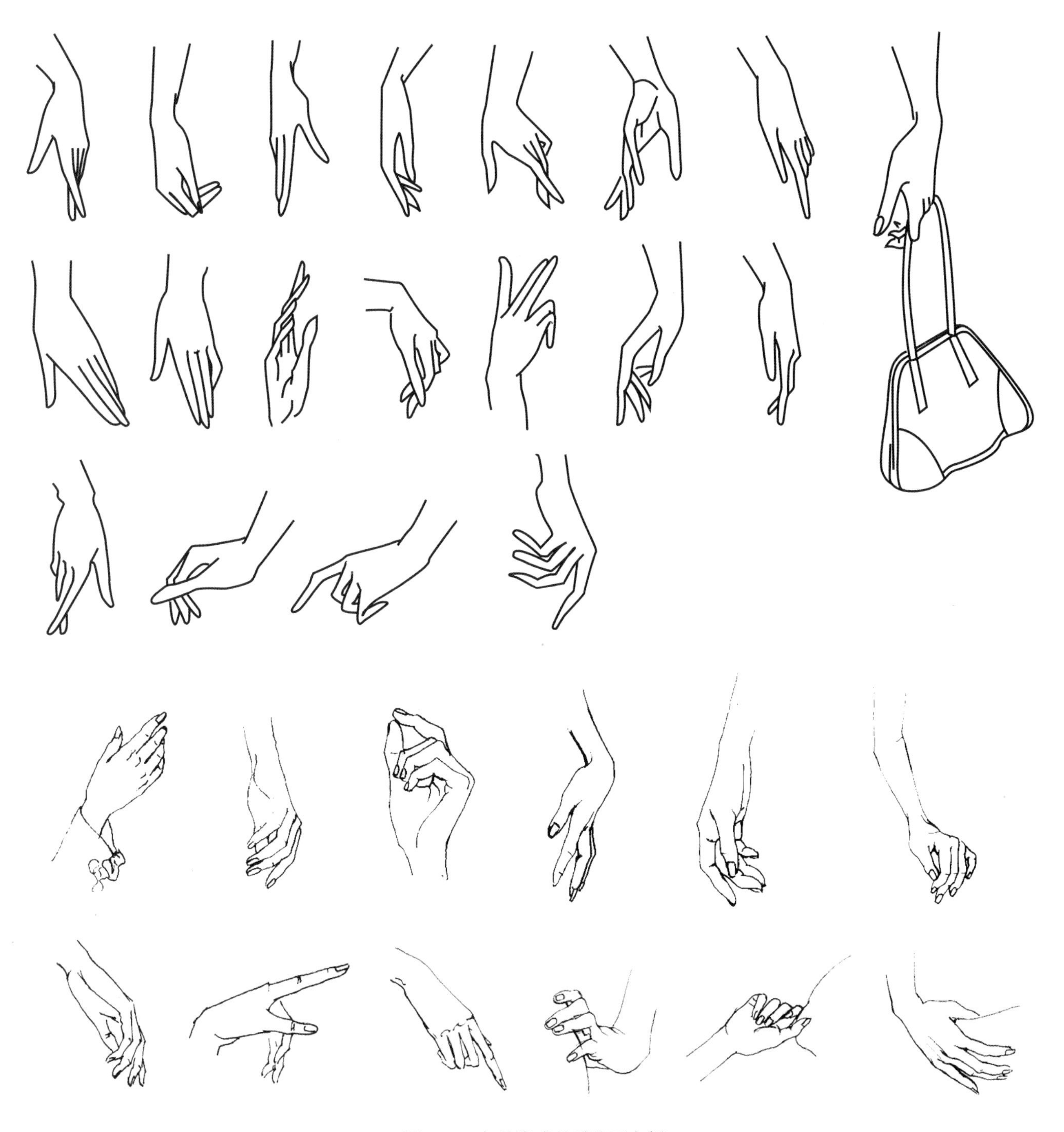

图2-35　各种姿式的手绘画实例

思考与练习题

1. 画10种不同姿势形态的女体。
2. 画10种不同姿势形态的男体。
3. 画10种不同姿势形态的童体。
4. 画10对不同角度的眼睛。
5. 画10对不同角度的嘴唇。

6. 画5对不同角度的耳。
7. 画5对不同角度的鼻。
8. 画10种不同姿态的腿和脚。
9. 画10种不同姿态的手臂。
10. 画10种不同姿态的手。

应用理论——

服装款式图表现技法

课题名称： 服装款式图表现技法

课题内容： 服装款式图快速入门
徒手表现法
带人台表现法
着装表现法

课题时间： 8课时

训练目的： 掌握服装款式图绘制快速入门、徒手表现法、带人台表现法、着装表现法等知识技能。

教学方式： 讲授法、举例法、示范法、启发式教学、现场实训教学相结合。

教学要求： 1. 掌握服装款式图绘制快速入门。
2. 掌握徒手表现法。
3. 掌握带人台表现法。
4. 掌握着装表现法。

第三章　服装款式图表现技法

服装款式是由服装成品的外形轮廓、内部衣缝结构及相关附件的形状与安置部位等多种元素综合组成的。服装款式图是服装设计师向制板师、工艺师传递设计意图的重要沟通方式。因为服装款式图的绘制要为服装的打板和制作提供重要的参考依据，所以服装款式图的画法有着自己的规范要求。正确理解设计意图一般从品种名称、款式结构、外形轮廓、线的造型和用途、各部件的组合关系及其具体尺寸和比例五个方面进行考虑。

第一节　服装款式图快速入门

在工业化服装生产的过程中，服装款式图的作用远远大于服装效果图，但是服装款式图的绘制方法往往会被初学者和服装设计师所忽视，这样就会对服装设计师与制板师、工艺师之间的交流和沟通造成很大的障碍，因此，画好服装款式图是正确传递设计意图的最佳途径。服装款式图绘制要注意三个方面。

1. **比例**

在服装款式图的绘制中，首先应注意服装造型和服装细节的比例关系，因为各种不同的服装有其各自不同的比例关系。

2. **对称**

服装的主体结构必然呈现出对称的结构，对称不仅是服装的造型特点和规律，还会因对称而产生美感。

3. **线条**

服装款式图是由线条绘制而成，所以在绘制过程中要注意线条的准确性和清晰度，不可以模棱两可，如果画的不准确或画错线条，一定要用橡皮擦干净，绝对不可以保留，因为那样会造成服装制板师和工艺师产生误解。

为了方便读者快速掌握服装款式图的绘制技法，我们特别将裙子、裤子、衬衫、连衣裙、西装、大衣的款式图绘制过程分步骤进行展现（图3-1～图3-6）。

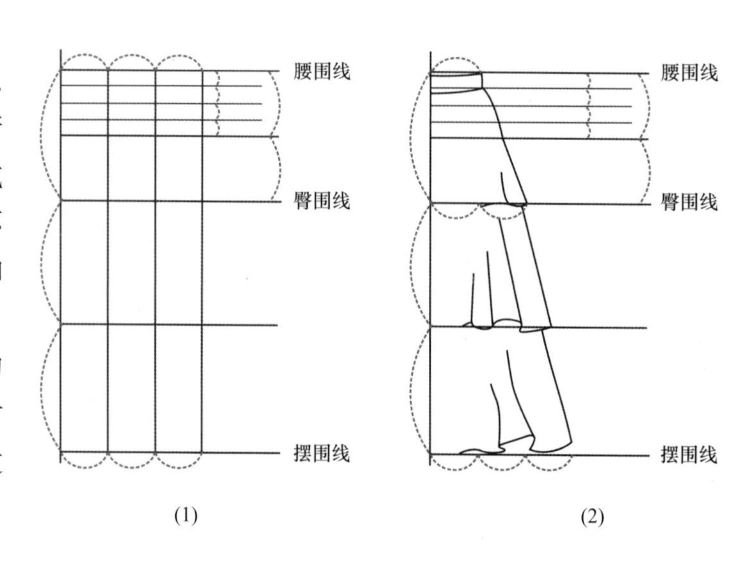

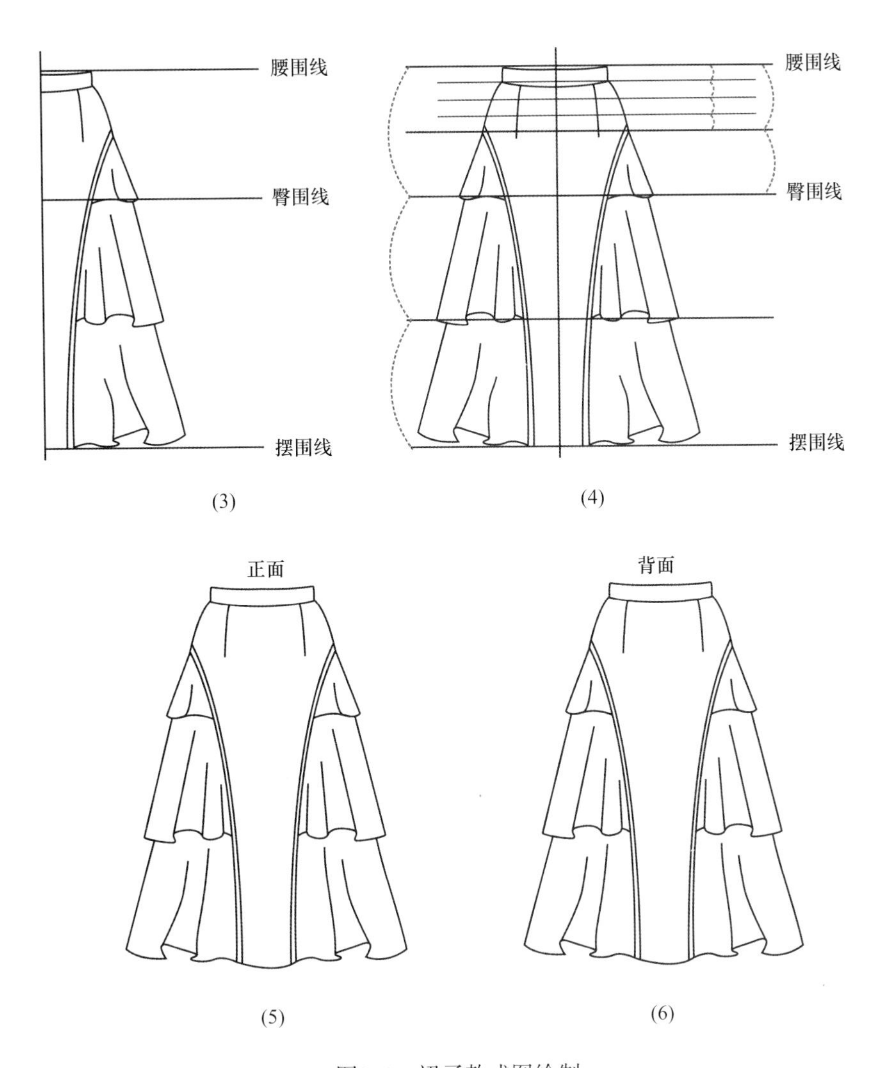

图3-1　裙子款式图绘制

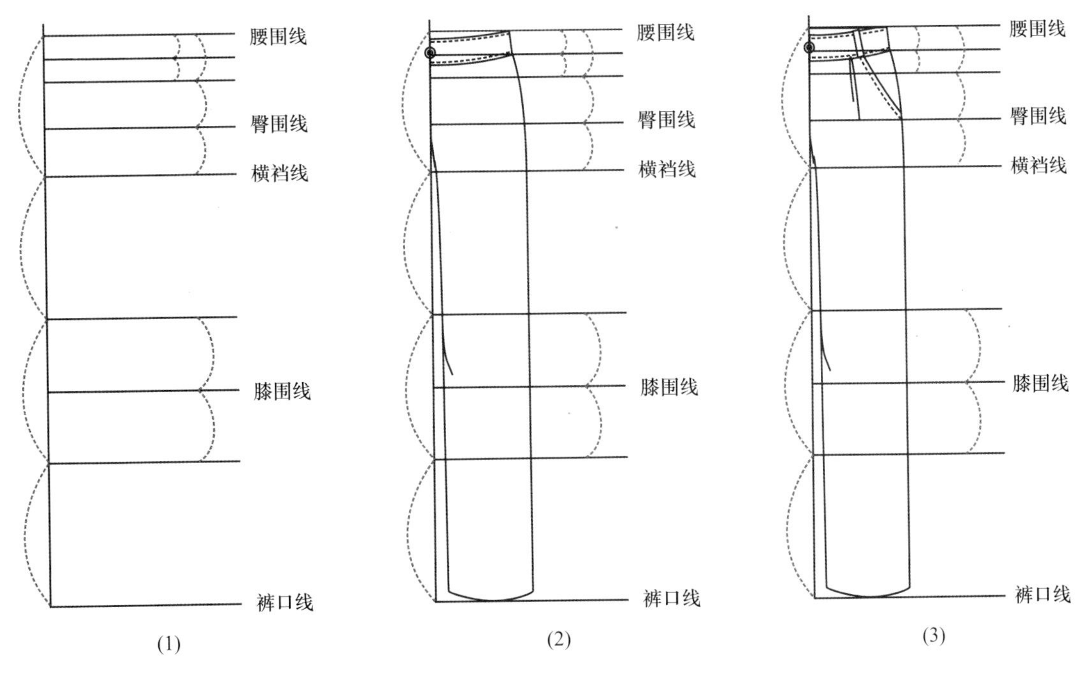

图3-2

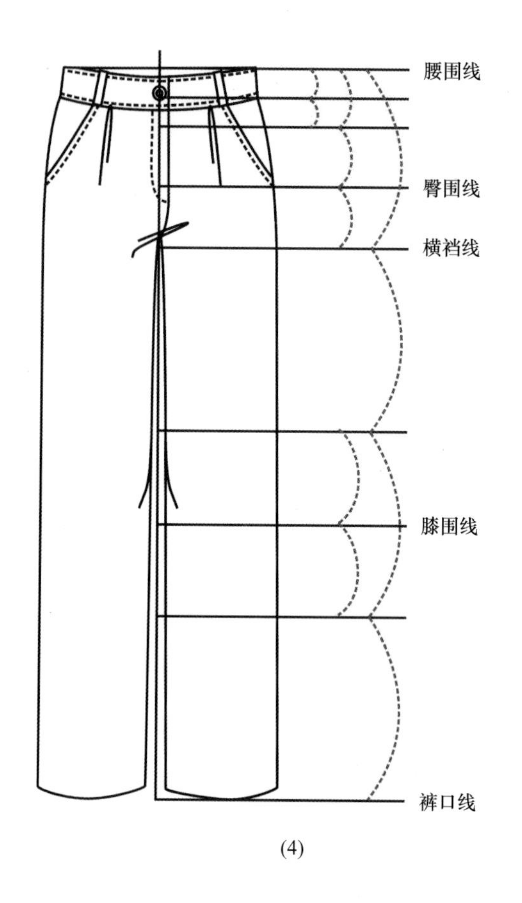

(4)

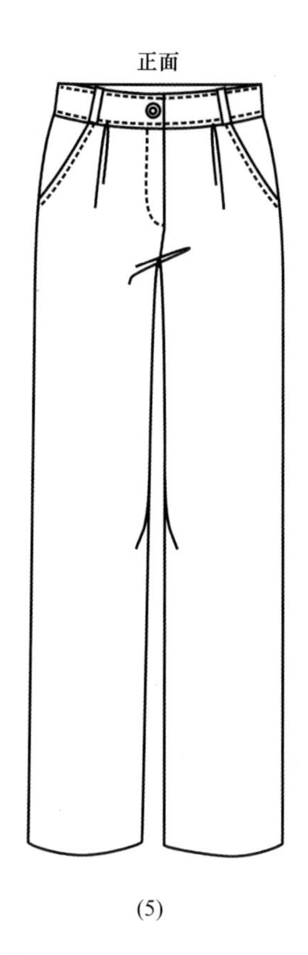

(5)

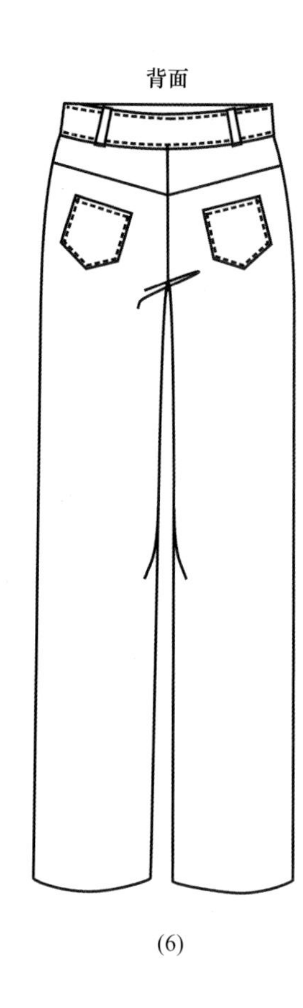

(6)

图3-2 裤子款式图绘制

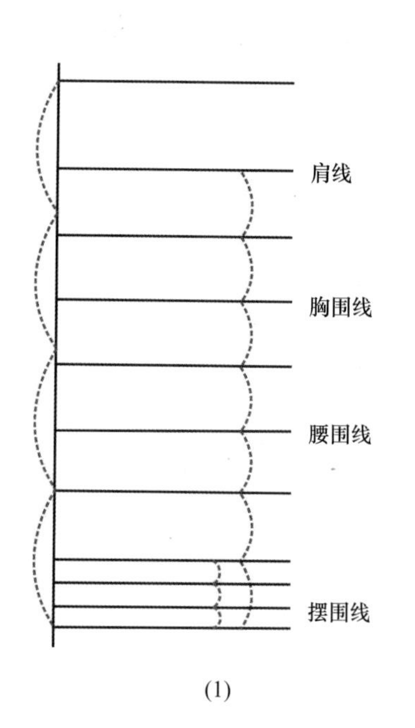

(1)

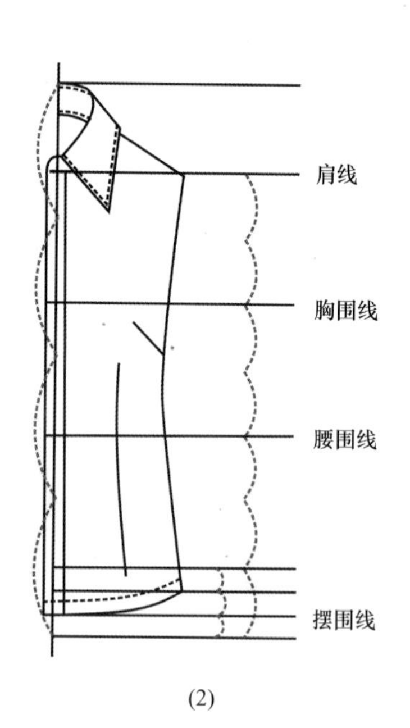

(2)

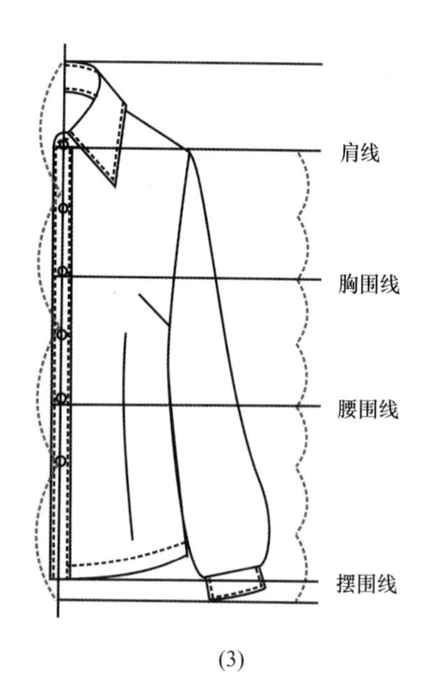

(3)

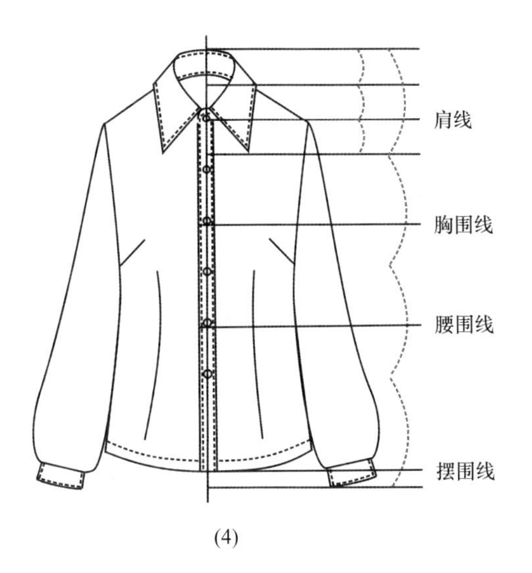

(4)

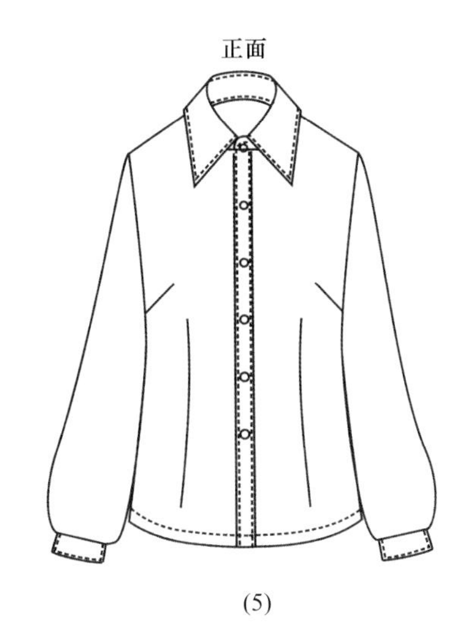

(5)

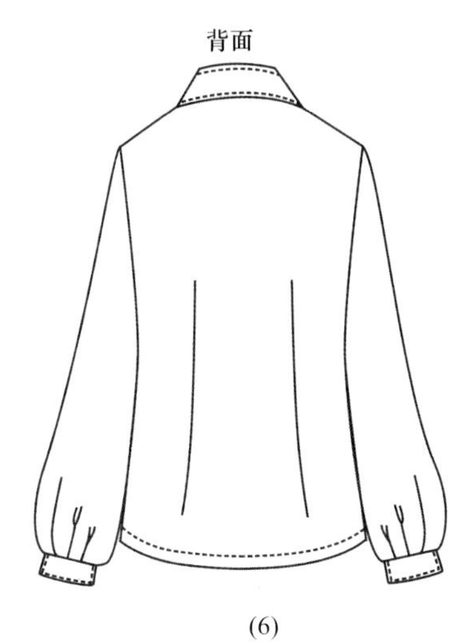

(6)

图3-3　衬衫款式图绘制

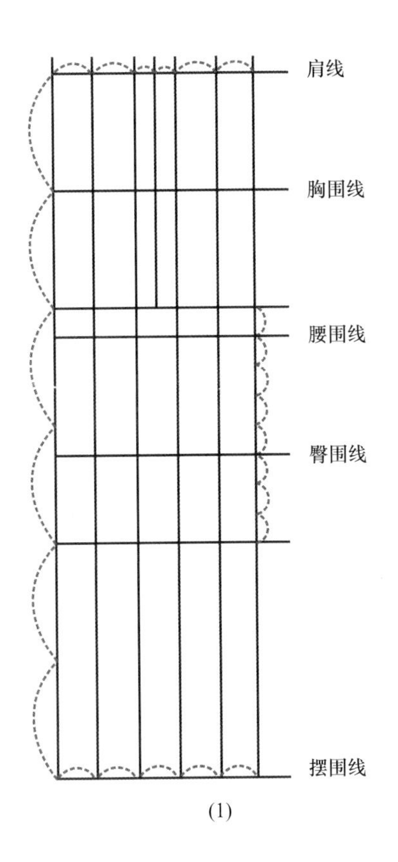

(1)

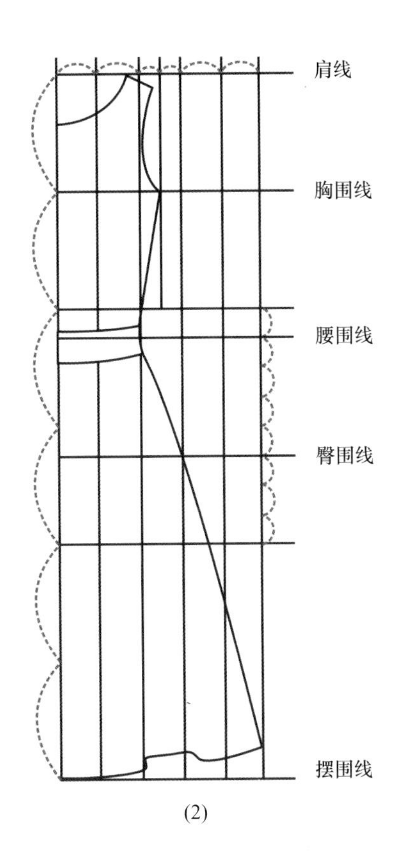

(2)

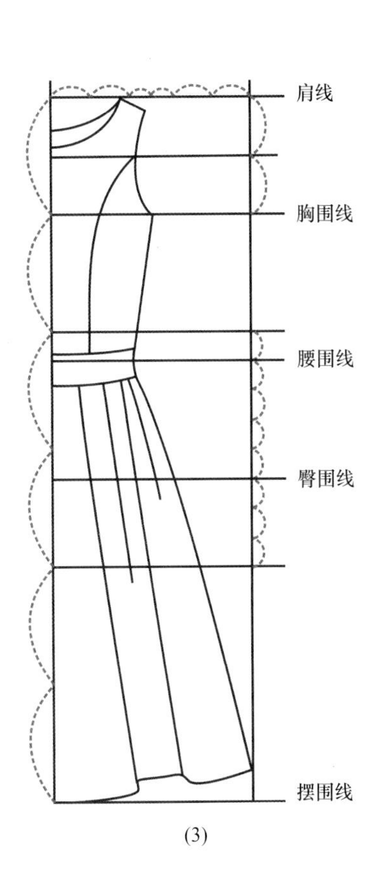

(3)

图3-4

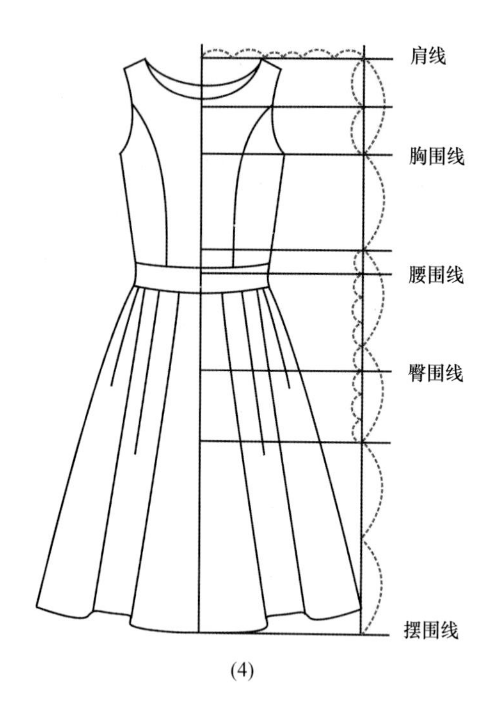

(4)

(5)

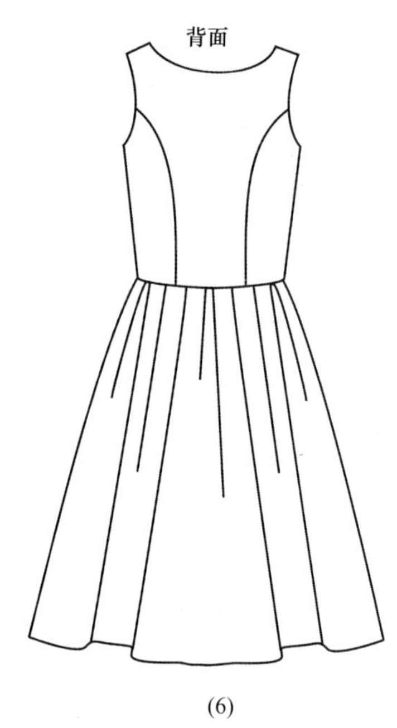

(6)

图3-4　连衣裙款式图绘制

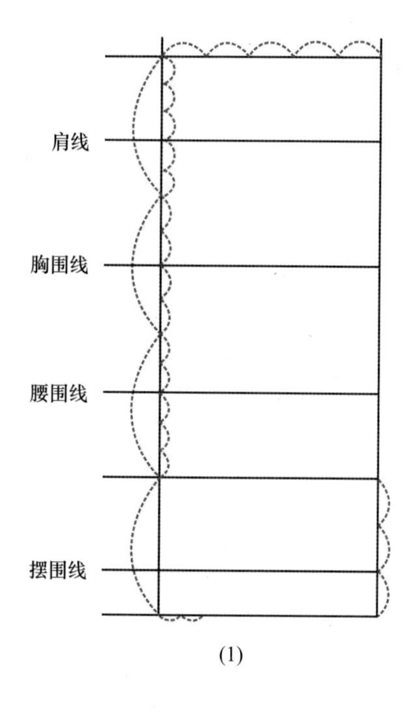

(1)

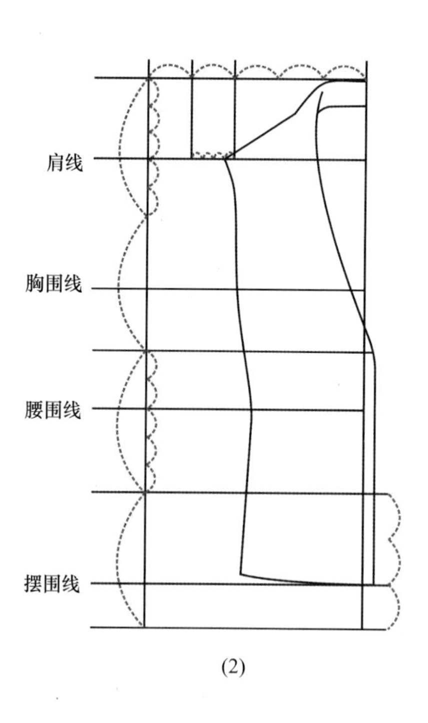

(2)

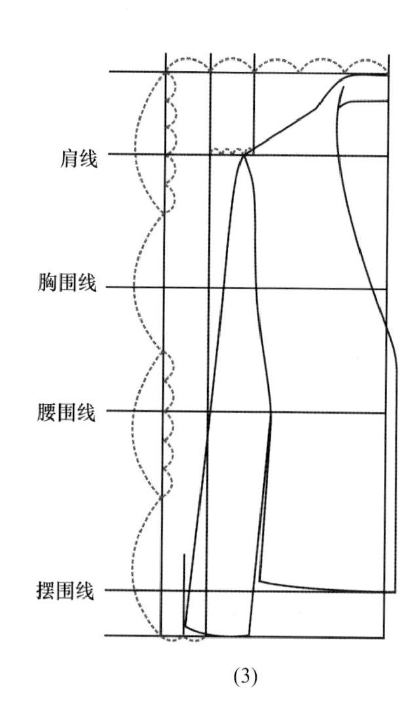

(3)

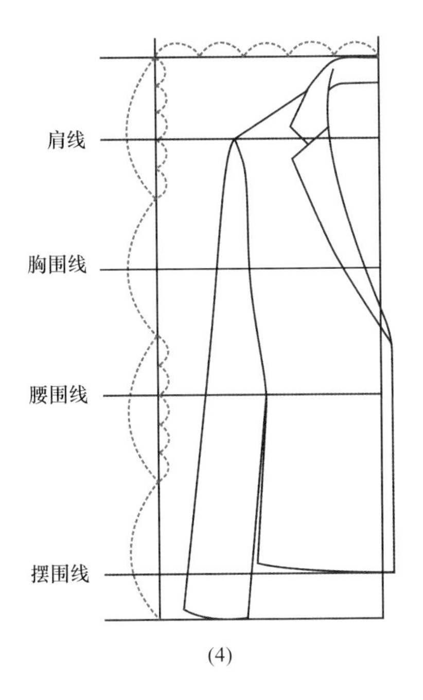

(4)

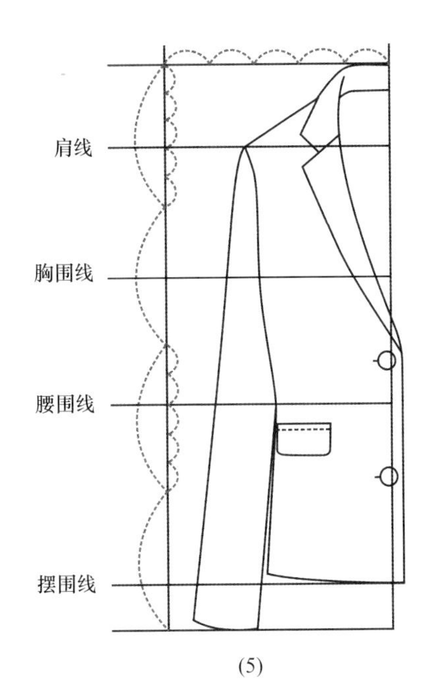

(5)

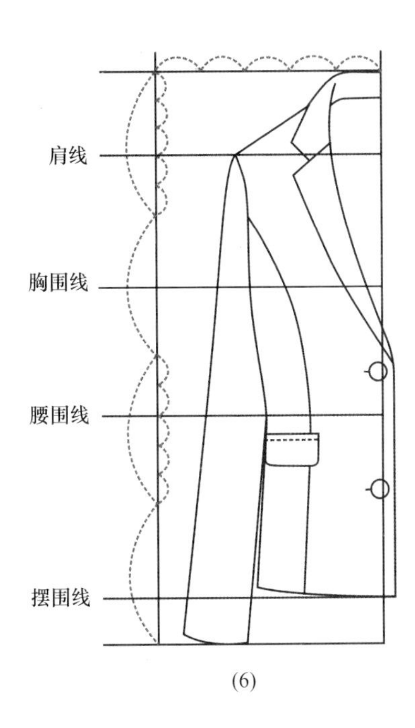

(6)

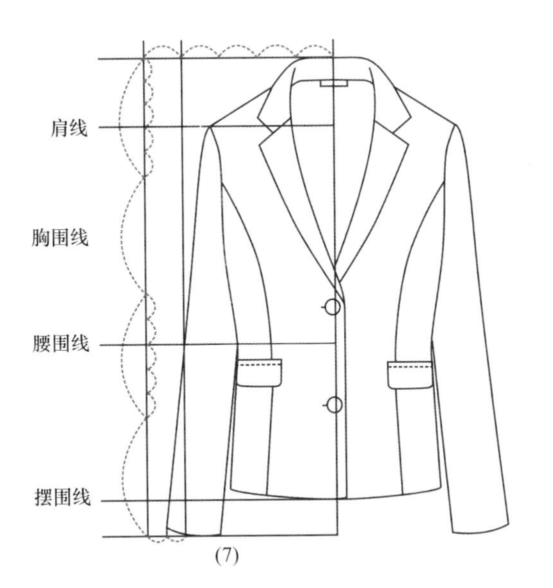

(7)

(8)

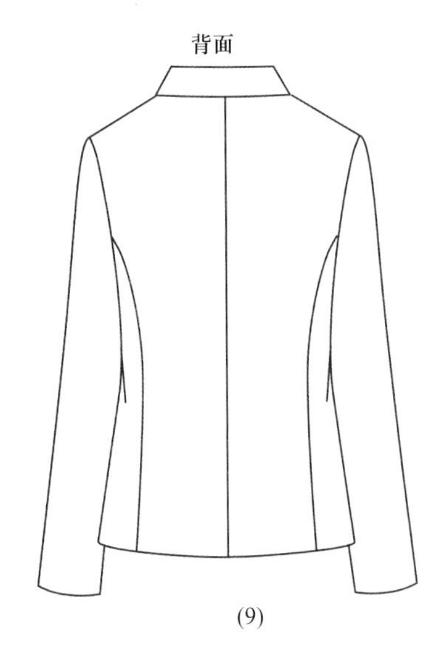

(9)

图3-5 西装款式图绘制

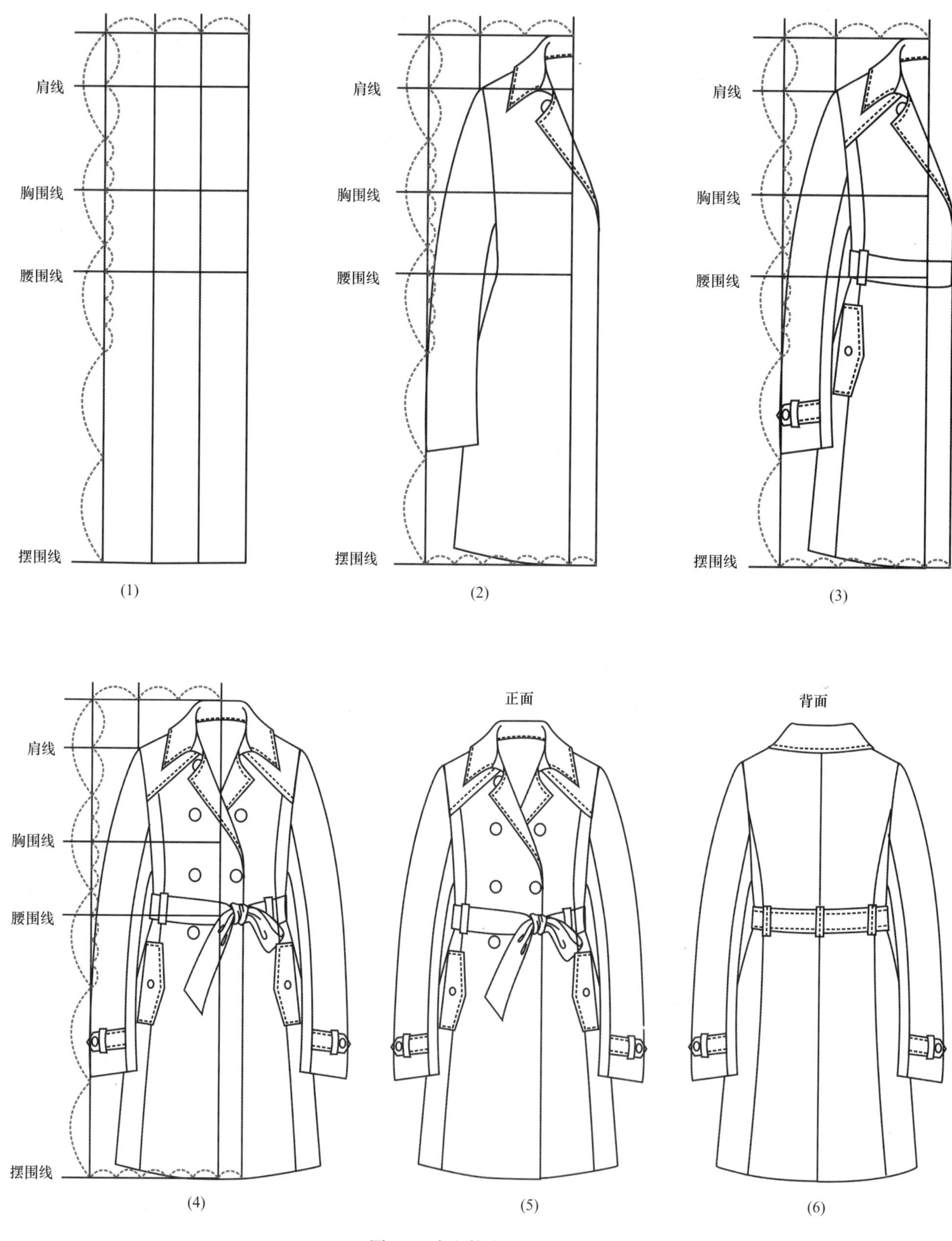

肩线
胸围线
腰围线
摆围线
(1)
肩线
胸围线
腰围线
摆围线
(2)
肩线
胸围线
腰围线
摆围线
(3)
肩线
胸围线
腰围线
摆围线
(4)
正面
(5)
背面
(6)

图3-6 大衣款式图绘制

第二节　徒手表现法

徒手表现法是指不借助人体形态、人台、网格绘制方法来完成款式图的绘制。徒手表现技法能使设计师保持构思的整体性，徒手表达水平直接影响到设计师传达设计意图的质量（图3–7、图3–8）。

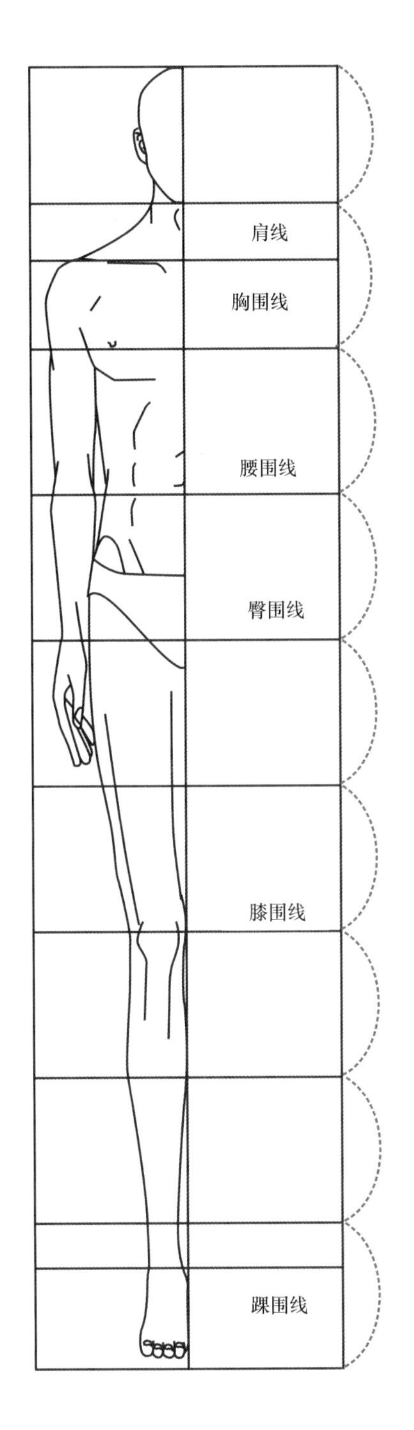

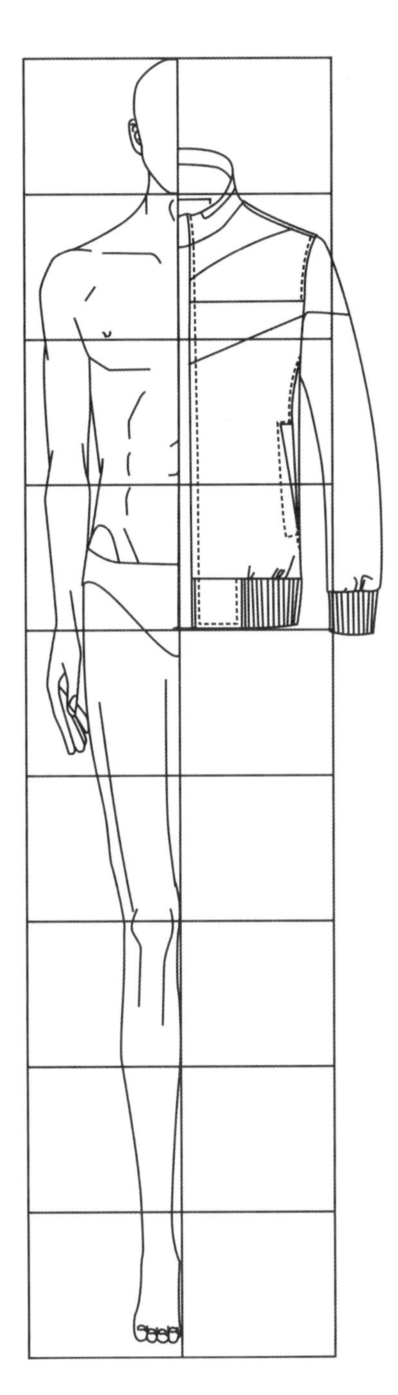

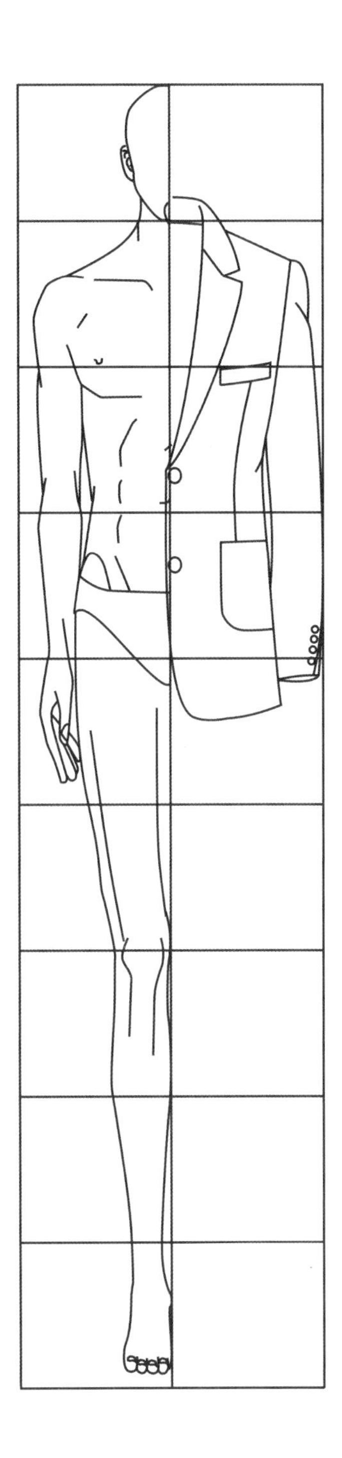

图3–7

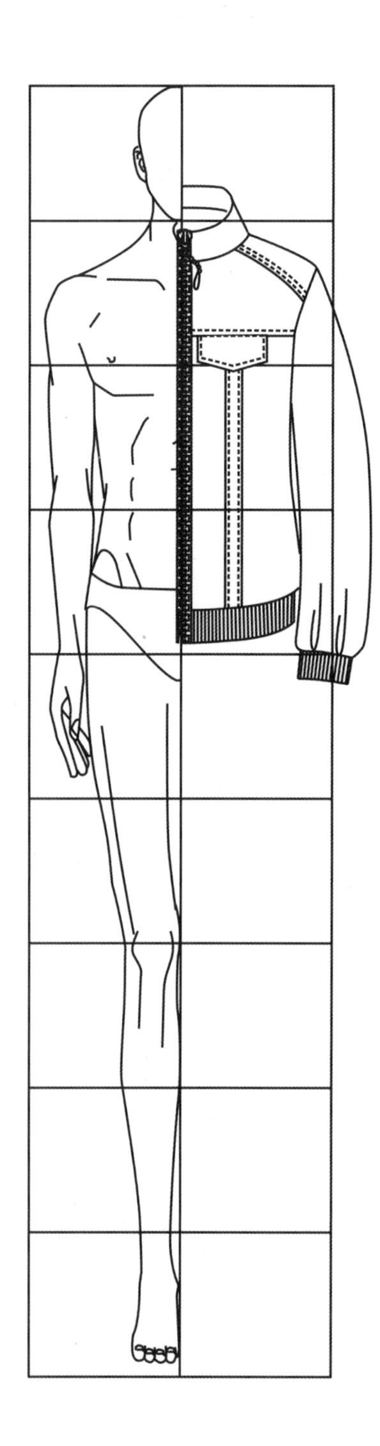
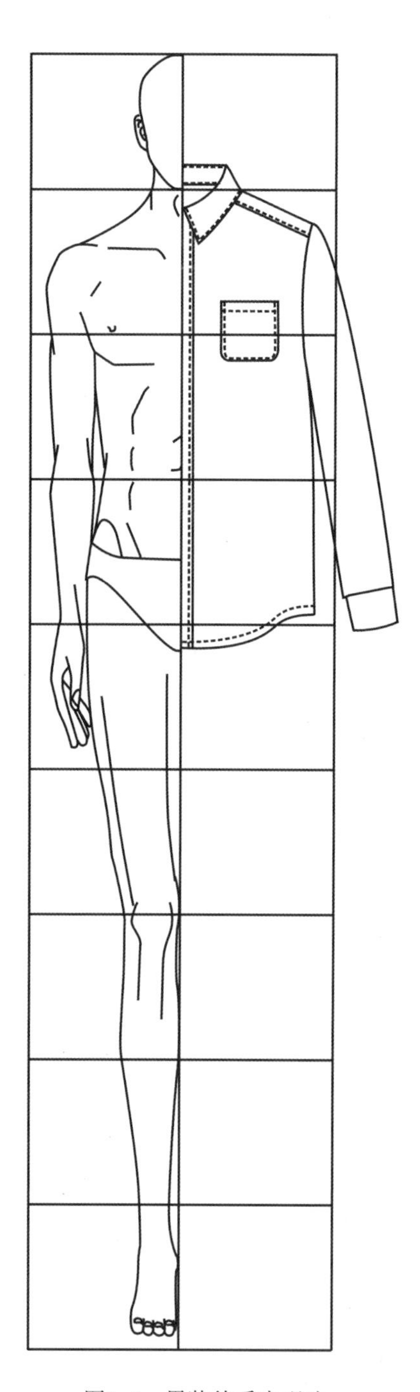
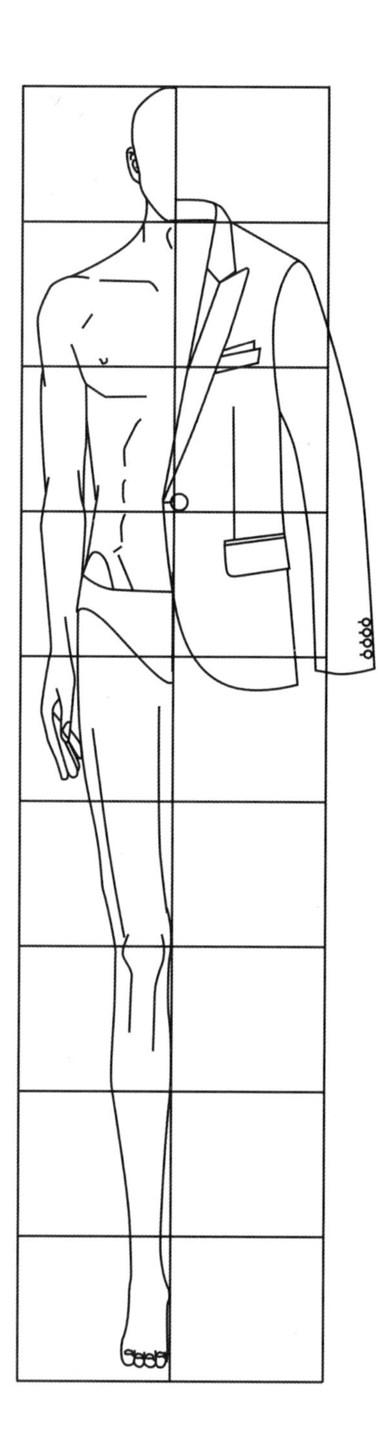

图3-7　男装徒手表现法

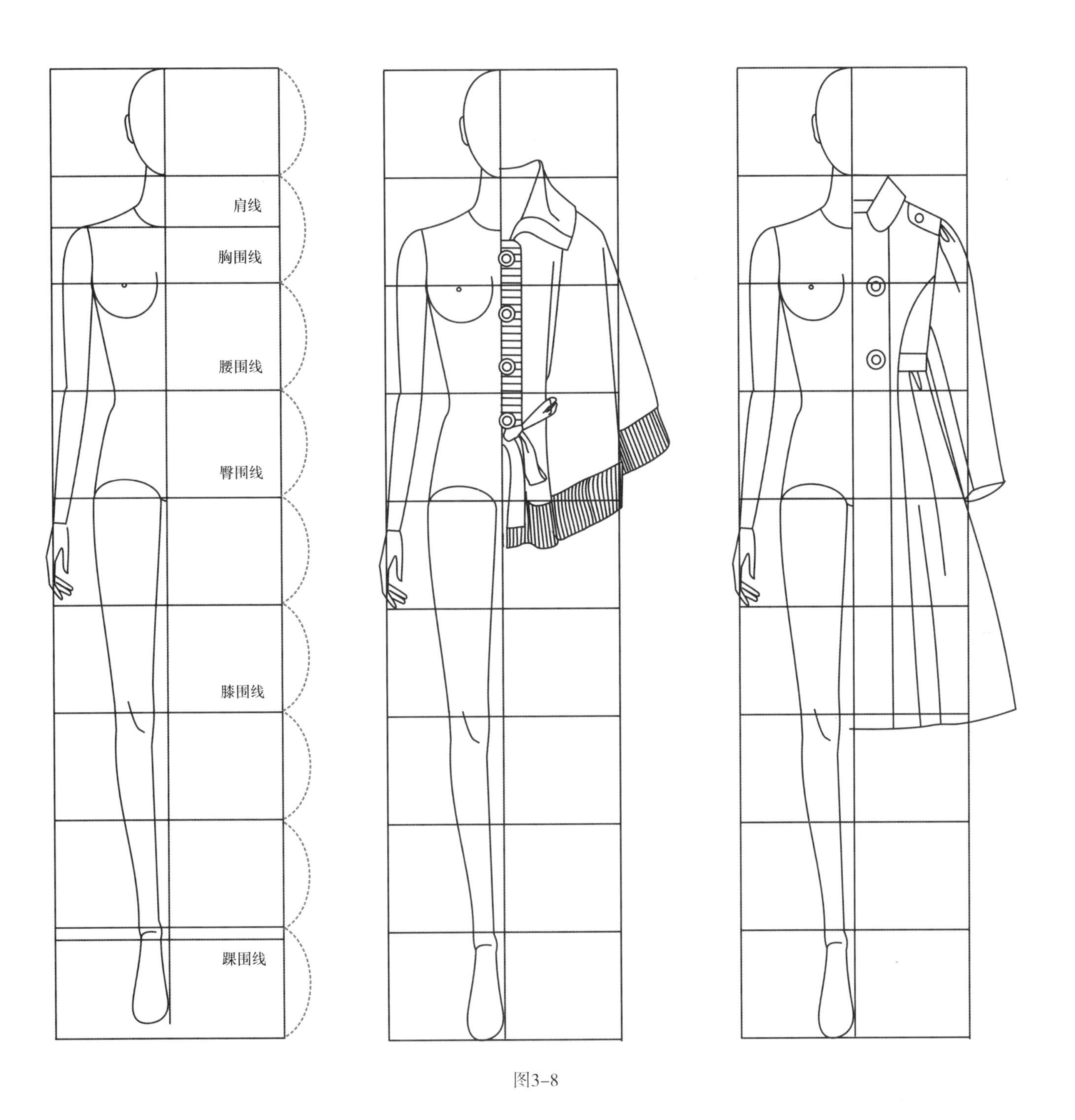

图3-8

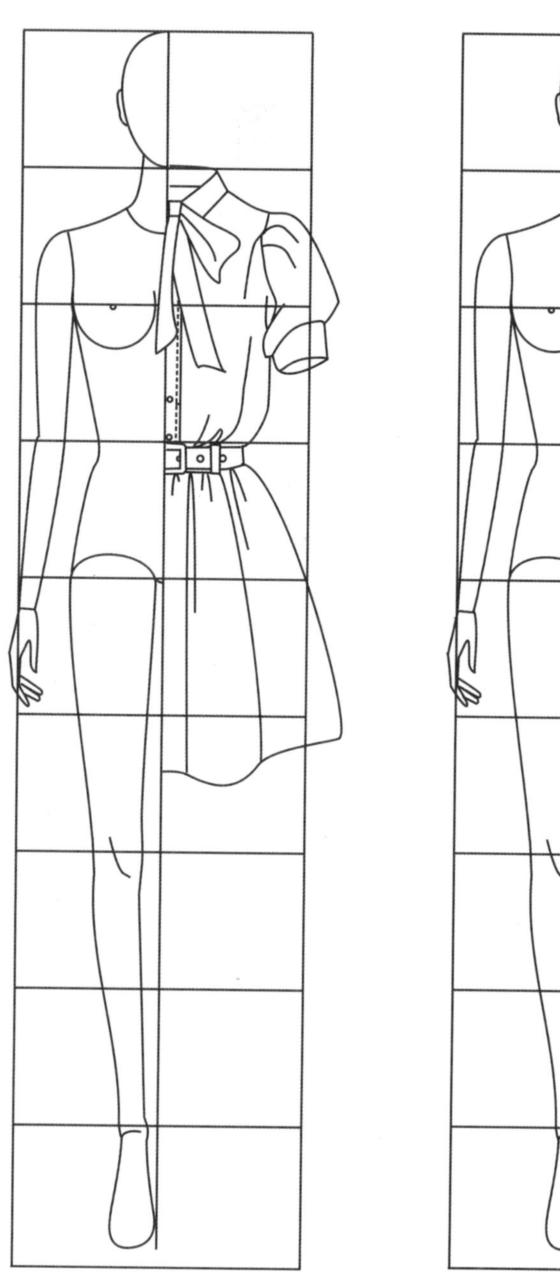
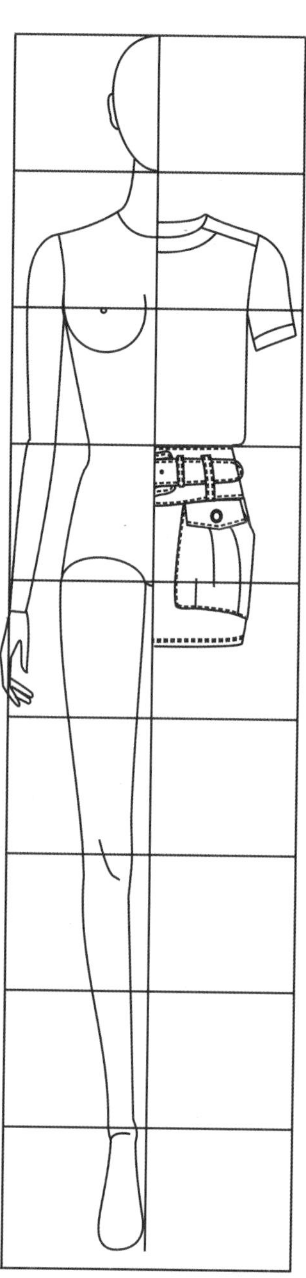
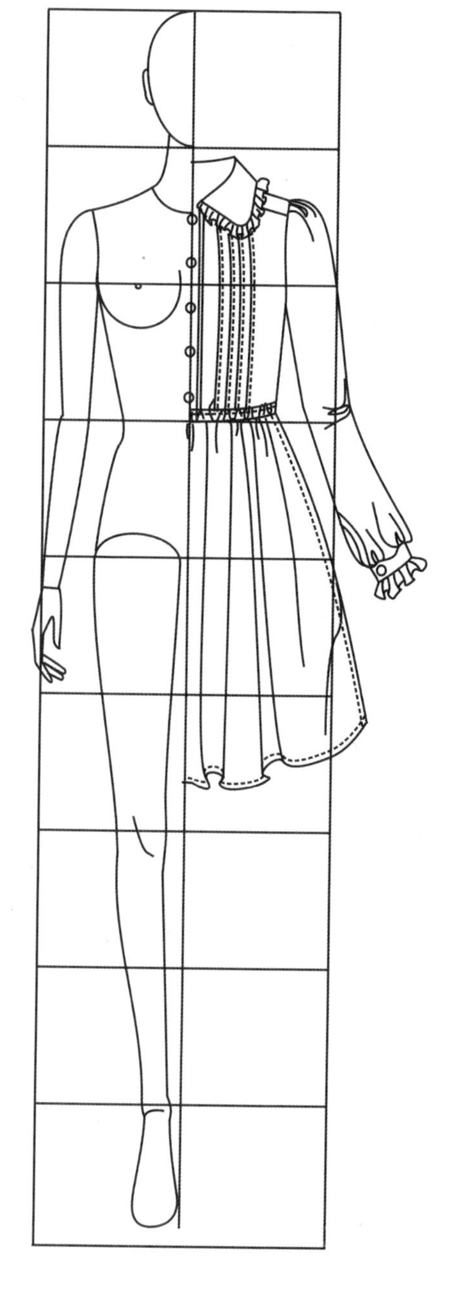

图3-8　女装徒手表现法

第三节　带人台表现法

带人台表现法看起来比较直观，可以看出服装款式是否更符合人体形态，同时也可以看清楚服装的结构，可以让服装制板师和工艺师明白设计师的设计意图（图3-9）。

图3-9　带人台表现法

第四节　着装表现法

着装表现法的画面能够表现出服装穿着的立体效果，合体的服装要表现出人体三维形态，宽松的服装要体现人体与服装的空隙空间感。对衣纹线和结构线的处理手法要进行区分，服装外轮廓线可清晰明确（图3-10）。

图3-10

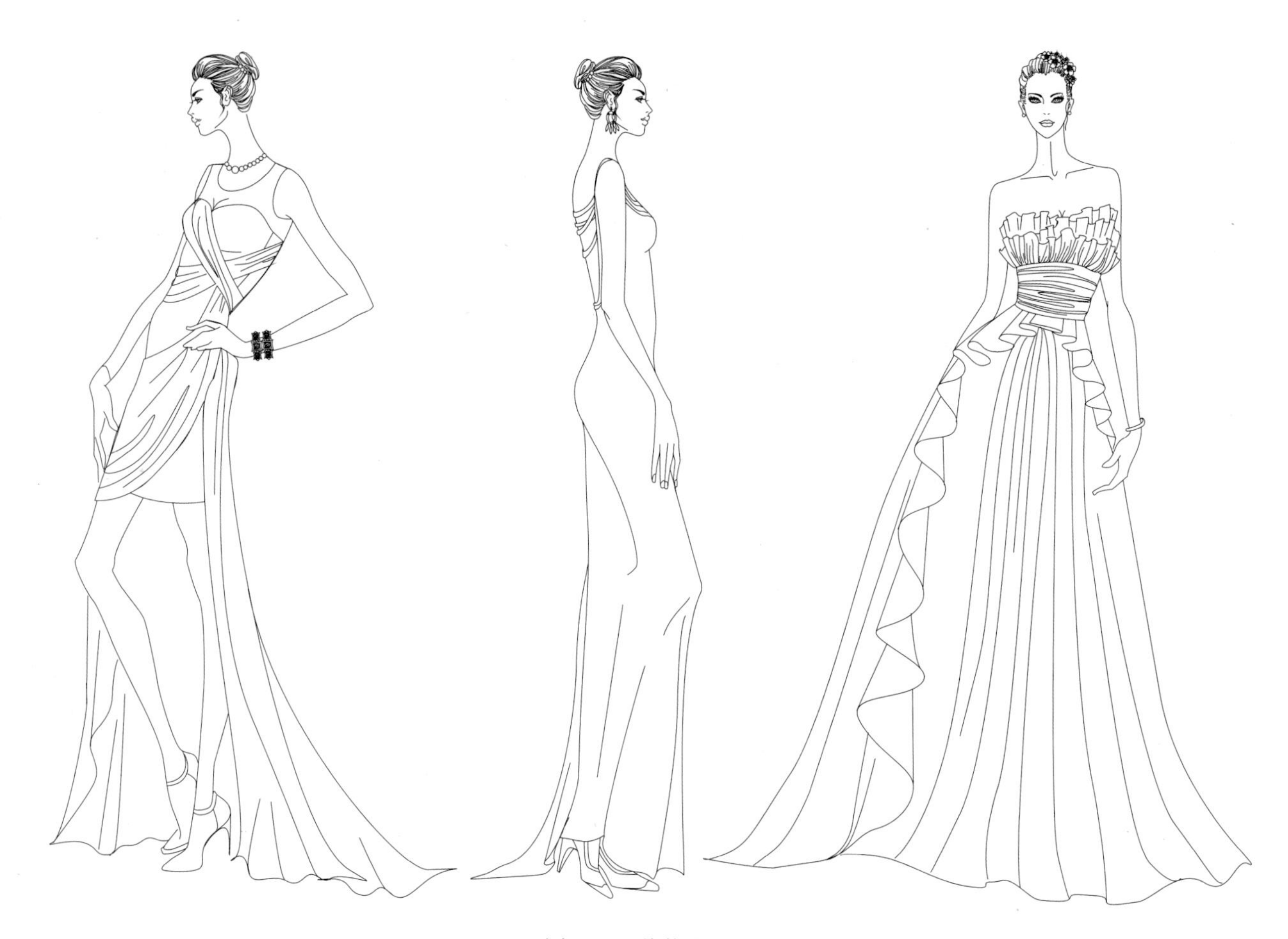

图3-10 着装表现法

思考与练习题

1. 运用徒手表现法画出10款服装画。
2. 运用带人台表现法画出10款服装画。
3. 运用着装表现法画出10款服装画。

应用理论——

发型与服饰配件表现技法

课题名称： 发型与服饰配件表现技法

课题内容： 发型表现技法
包类款式表现法
鞋类款式表现法
帽子款式表现法
其他常用服饰配件表现法

课题时间： 10课时

训练目的： 掌握发型表现法、包类款式表现法、鞋类款式表现法、帽子款式表现法、服饰配件表现法等知识技能。

教学方式： 讲授法、举例法、示范法、启发式教学、现场实训教学相结合。

教学要求： 1. 掌握发型表现法。
2. 掌握包类款式表现法。
3. 掌握鞋类款式表现法。
4. 掌握帽子款式表现法。
5. 掌握丝巾、围巾、领带、皮带、手套、首饰等服饰配件表现法。

第四章　发型与服饰配件表现技法

发型设计除了考虑头型、脸型、五官及身材以外，还必须要注意人的职业特点，发型设计根据职业的需要，在不影响工作的情况下努力做到最完美的发型效果。每个人的脸型都各有其特点，就需要根据不同脸型的人进行不同的发型设计，发型设计与脸型搭配是很重要的，只有发型与脸型搭配得好才能展现出风采。服饰配件包括包、鞋、帽、丝巾、围巾、领带、皮带、手套、首饰等。画好发型和服装饰品是绘制服装画重要的一个环节。

第一节　发型表现法

发型一般分为五种类型：直发、波发、卷发、羊毛状卷发、小螺旋形发。发型可以说是女人的一个标识，也许因为头发是女人用心打理的一个富有诱惑性的外露部分。头发有标向、指示的作用，甚至是一种象征，它表达出个人的特性。女性选择和变换发型的原则与目的通常是为了美丽。发型的变换可以改变女性的形象、精神面貌，达到塑造新形象的目的。

男人的发型由于留发较短，发型变化不及女人多，但通过剪发、烫发、梳理，也能变换出多种多样美观大方、具有男性魅力的发型。男子的发型一般是以头发顶部至发际线处的长度为依据，分为短发型、中长发型、长发型、超长发型。图4-1 ~ 图4-3展示了女性、男性、儿童的发型表现技法。

图4-1 女性发型

图4-2

图4-2 男性发型

图4-3 儿童发型

第二节 包类款式表现法

包有背包、单肩包、挎包、腰包和多种拉杆箱等。箱包已经成为男女出门必备品之一，与服装合适且时尚的搭配能让人更具自信。对于不同种类的包，搭配上是有讲究的，必须参照整体的穿着来搭配相匹配的包。包的款式表现法如图4-4所示。

图4-4　包的款式表现法

第三节　鞋类款式表现法

鞋与服装适合的搭配组合能展现穿着的和谐。如出游和运动，帆布鞋与牛仔裤的搭配是恒久不变的真理。鞋是服装画中表现的重要环节（图4-5）。

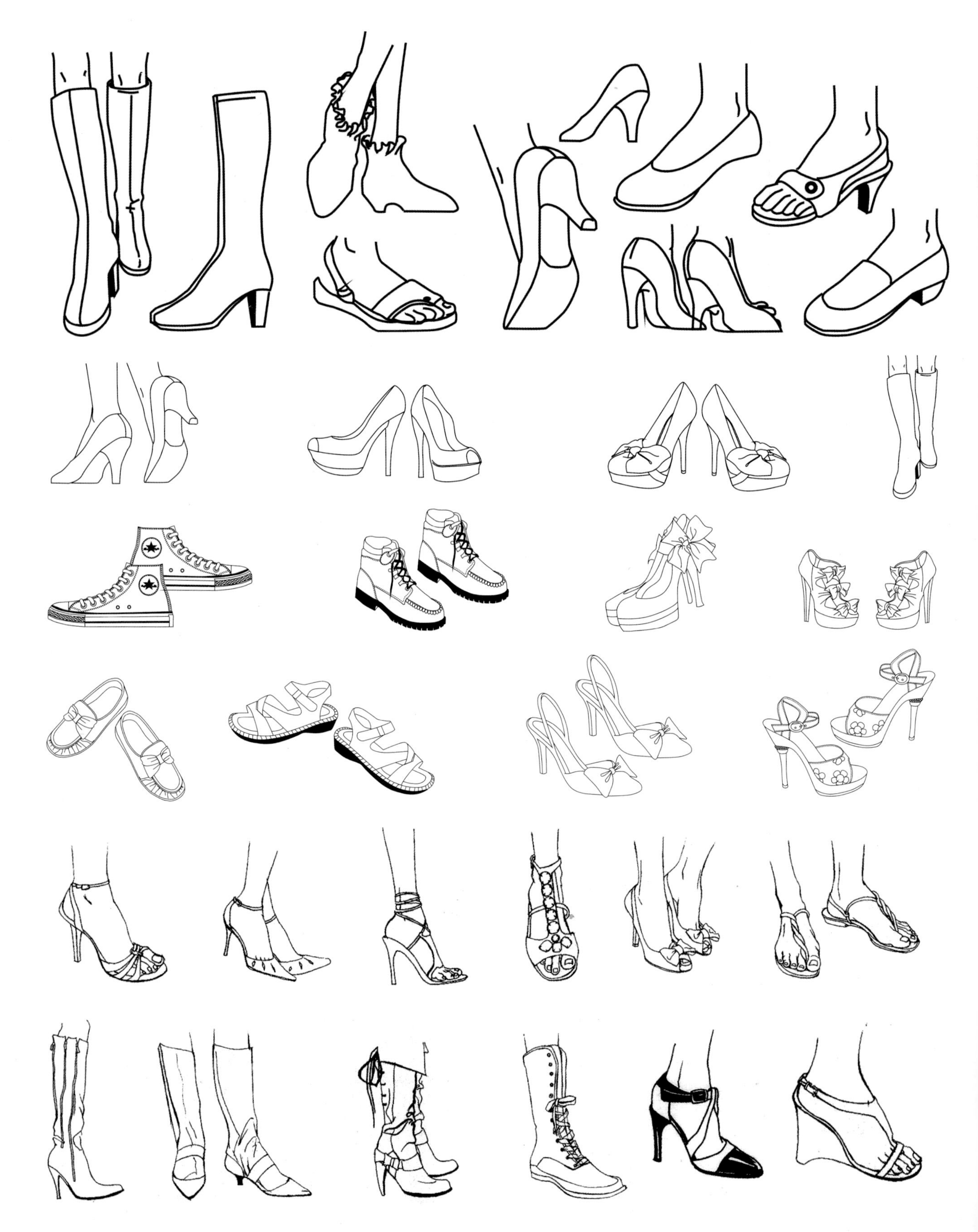

图4-5　鞋的表现法

第四节　帽子款式表现法

帽子具有遮阳、增温的防护和装饰作用。帽子种类很多，选择亦有讲究。首先要根据脸型选择合适的帽子，其次要与穿着的衣服相配，帽子的形式和颜色等必须与服装配套（图4–6）。

图4–6　帽子的表现法

第五节　其他常用服饰配件表现法

服饰配件是服装设计环中一道不可少的装饰和点缀设计。它是展现服装风格的最好辅件。服饰配件有很多种，本节针对常见的服饰配件画法进行介绍。

一、围巾

围巾是围在脖子上的长条形饰物。具有保暖、防风、防晒的作用，合适的搭配方式，能够增添整件服装的美感（图4–7）。

图4–7　围巾的表现法

二、手套

手套是手部保暖或劳动保护的用品，同时也具有较强的装饰功能，在一些宴会和舞会等正式社交场合中，女士们都会借助装饰手套来烘托自身的高雅和靓丽。手套的表现法如图4-8所示。

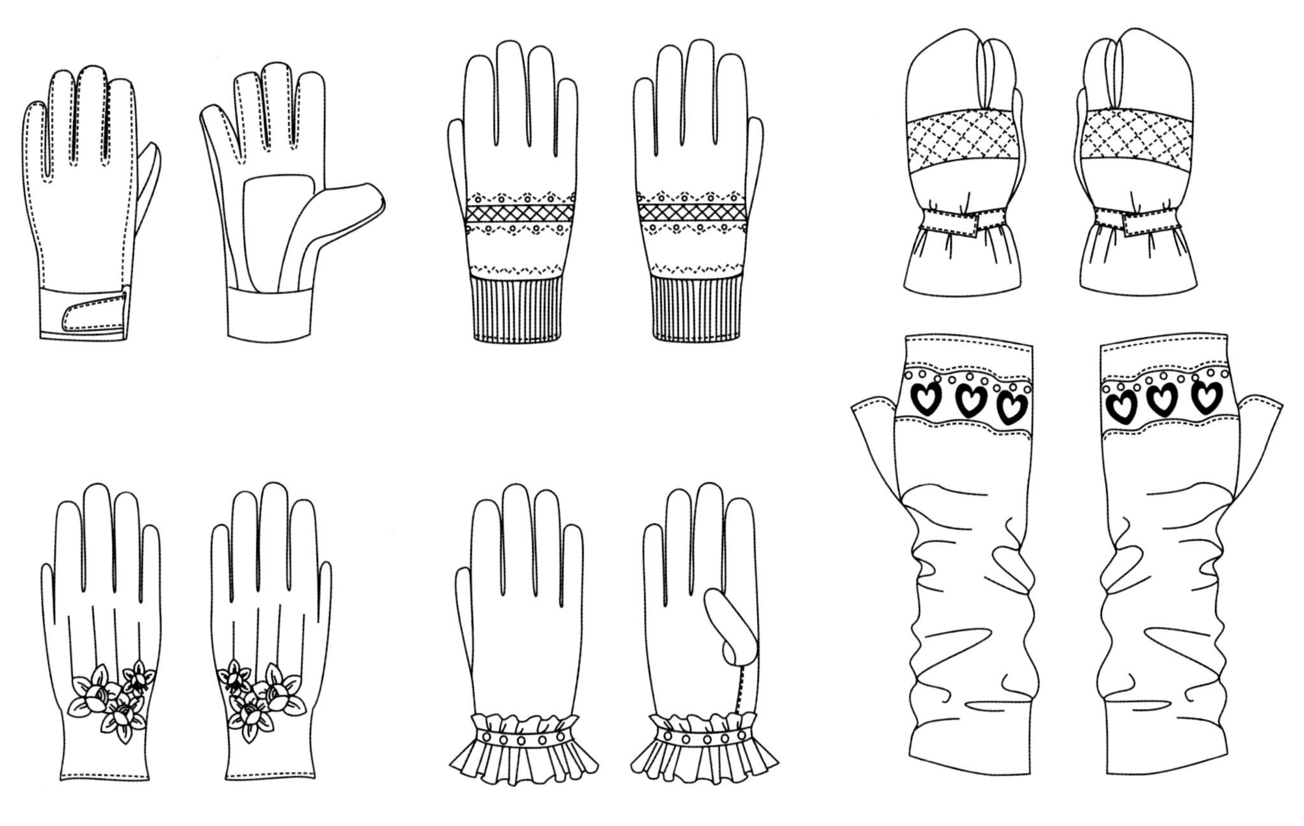

图4-8　手套的表现法

三、袜子

袜子是一种穿在脚上的服饰用品，起着保护脚和美化脚的作用。按原料分有棉纱袜、毛袜、丝袜和各类化纤袜等。按造型分有长筒袜、中筒袜、短筒袜等，还可以按造型划分为平口、罗口、有跟、无跟、提花及织花等多种式样和品种。袜子虽然只是个配件，可在流行敏感度上却是一点不逊于时装。袜子在细节上充分汲取时装上的流行元素，活跃好动的条纹、时髦的图形让袜子的造型变得格外丰富。

服装画中的袜子总是与腿脚的形状一起表现的。袜子与腿脚相依相伴，并有助于腿脚更加生动、丰富的表现，袜子的表现法如图4-9所示。

四、腰带

腰带由腰带头和腰带两个部分构成，表现时要注意腰带头与腰带的衔接和其结构特征。腰带与服装组合搭配具有烘托服装款式特征的效果，腰带的表现法如图4-10所示。

图4-9 袜子的表现法

图4-10　腰带的表现法

五、首饰

首饰是佩戴在人身上的装饰品。泛指以贵重金属、宝石等加工而成的耳环、项链、戒指、手镯等。首饰与服装形成一个整体，可以表现出高贵的气质。首饰的表现法如图4-11所示。

图4-11　首饰的表现法

思考与练习题

1. 画10款不同造型的发型。
2. 画10款不同造型的包。
3. 画10款不同造型的鞋。
4. 画10款不同造型的帽子。
5. 画5款不同造型的丝巾。
6. 画5款不同造型的围巾。
7. 画5款不同造型的领带。
8. 画5款不同造型的腰带。
9. 画5款不同造型的手套。
10. 画5款不同造型的首饰。

应用理论——

服装部件表现技法

课题名称：服装部件表现技法

课题内容：领子表现法

袖子表现法

口袋表现法

省褶表现法

图案设计表现法

门襟等部位表现法

课题时间：6课时

训练目的：掌握领子表现法、袖子表现法、口袋表现法、省褶表现法、图案设计表现法及门襟、拉链、纽扣、花边等其他部件表现法的知识技能。

教学方式：讲授法、举例法、示范法、启发式教学、现场实训教学相结合。

教学要求：1. 掌握领子表现法。

2. 掌握袖子表现法。

3. 掌握口袋表现法。

4. 掌握省褶表现法。

5. 掌握图案设计表现法。

6. 掌握门襟、拉链、纽扣、花边等其他部件表现法。

第五章　服装部件表现技法

服装款式造型是由衣身与部件结合构成的。部件设计对服装整体造型和结构影响很大。部件设计主要指领、袖、袋、省褶、门襟等。画好部件是对整体服装塑型的保障。

第一节　领子表现法

领子是上衣的三大服装部件之一。在服装结构变化中，领子的变化处于款式变化的主导地位，领子是上衣的视觉效果最突出的地方。领子的结构设计要根据款式设计的要求确定，设计出的领子立体效果要吻合人体颈部。领子主要分以下六大类领型。

1. **无领**

无领也称为领口领，如图5-1所示。领是衣身领窝线型，没有领座和翻领结构。有开襟式和套头式两种。

图5-1　无领

2. **平领**

平领也称为扁领、坦领、趴领等，如图5-2所示，领片自然服贴在肩、背、胸部。一般没有领座（注：领片自带有0.6～1.5cm立领领座）。

3. **翻领**

翻领由领座和翻领两部分组成，如图5-3所示，翻领分为分体式翻领和连体式翻领领型。

4. **立领**

立领是围绕人体颈脖呈竖立状领座式的领型，如图5-4所示，立领分为单立领、连身立领、立驳领三种。

5. **驳领**

驳领也称为西服领，如图5-5所示，驳领是由领座、翻领、驳头三部分组成，驳头形状可以分为平驳头、戗驳头、青果领驳头、连体驳领等。

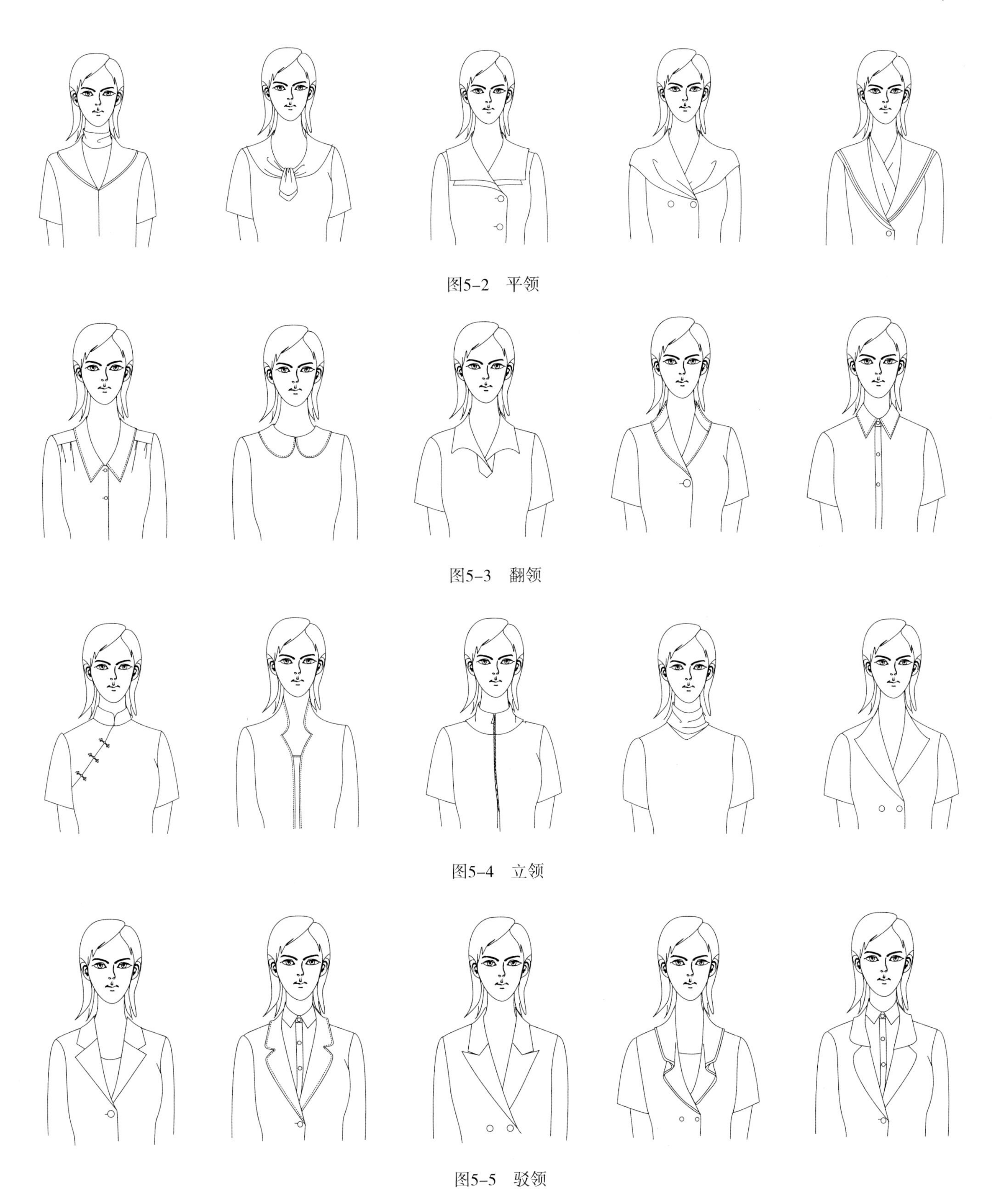

图5-2　平领

图5-3　翻领

图5-4　立领

图5-5　驳领

6. **特殊领**

领子的造型特征无法界定是属于哪类领型的领子，故称为特殊领，一般有帽领、悬垂领、波浪领、飘带领等，如图5-6所示。

图5-6　特殊领

第二节　袖子表现法

袖子是服装设计中非常重要的部件。人的上肢是人体活动最频繁和幅度最大的部位，袖窿的肩部和腋下是袖子和衣身连接的最重要部分，设计不合理，就会妨碍人体运动。所以要求肩袖设计适体性要好，形状一定要与服装整体相协调。

袖子结构变化复杂、款式多样。袖子与衣身因绱袖位置的变化，形成不同款式及风格。袖子与衣身配合，因衣身夹角、袖窿形状不同会形成不同的袖型。结构合理、舒适美观的袖子是烘托服装整体造型的重要元素（图5-7、图5-8）。

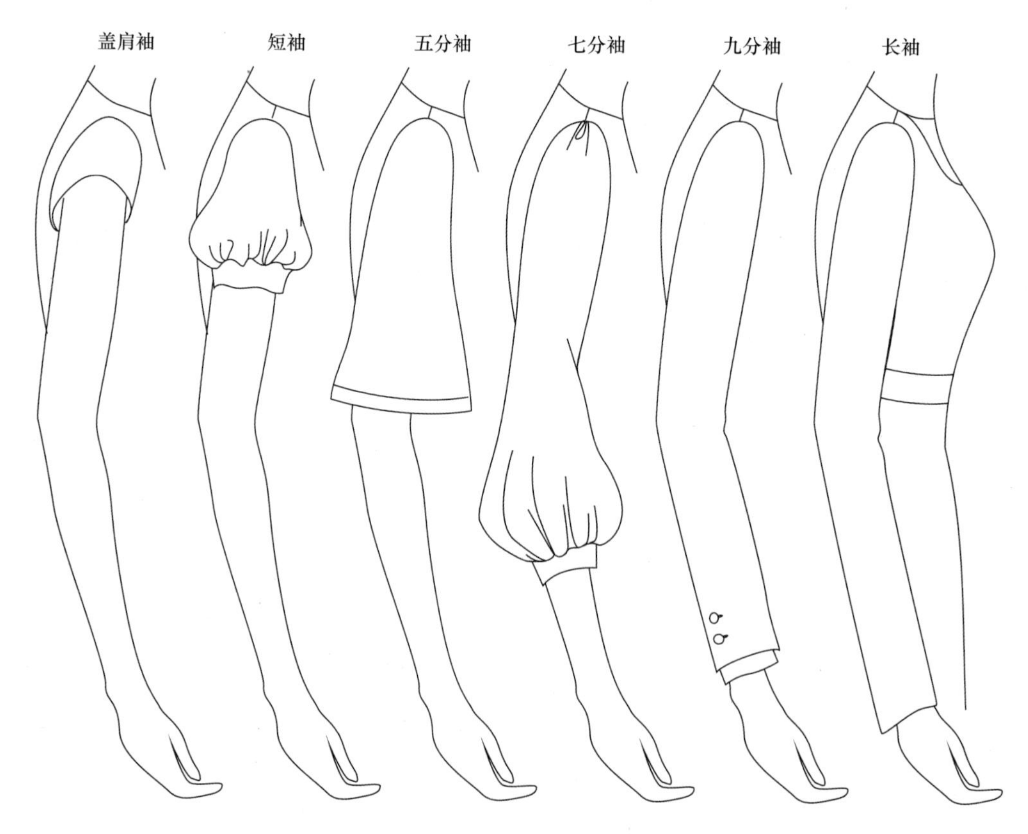

图5-7　袖子分类

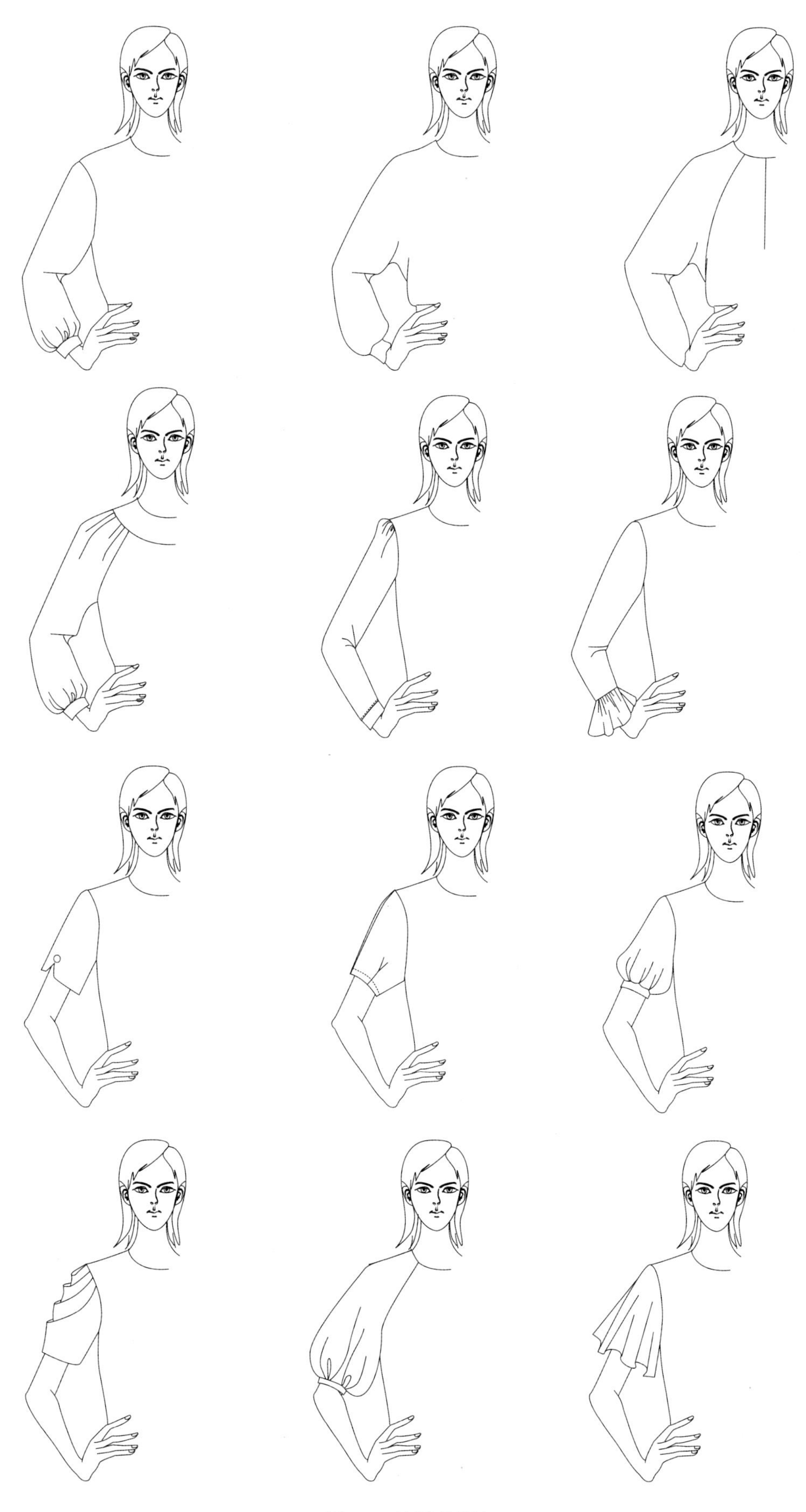

图5-8　袖子表现法

第三节　口袋表现法

口袋可以成为一件服装整体造型的视觉中心。口袋的变化较为丰富，位置、形状、大小、材质、色彩等可以自由交叉搭配。口袋既有存放东西的功能，也具有装饰作用。因此，在绘画口袋时，应该注意口袋与服装整体比例、位置关系以及风格等因素的协调和统一（图5–9）。

图5–9　口袋表现法

第四节　省褶表现法

人的体型呈立体状，将布料包裹在人体上，在肩部、腰部都会出现不合体的宽松现象。宽松的部位通常是采用省褶形式将多余的布料折叠起来以适合人体体型。省褶是塑造服装款式造型的主要设计手段。在画服装画中，如果对省褶的表现不适当、不准确，会给整个服装制作带来麻烦。

服装上的省主要有钉字省（图5-10）、弧形省（图5-11）、枣核省（图5-12）等，褶大体可以分为死褶和活褶两种。在绘画褶时，要注意褶的特点，如死褶就要表明其上下叠压的层次关系，褶的大小要统一和均匀。画活褶时要表现得自然有致（图5-13）。

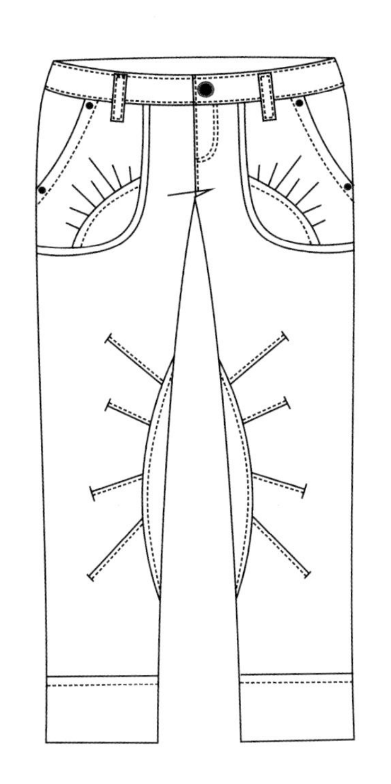

图5-10　钉字省

图5-11　弧形省

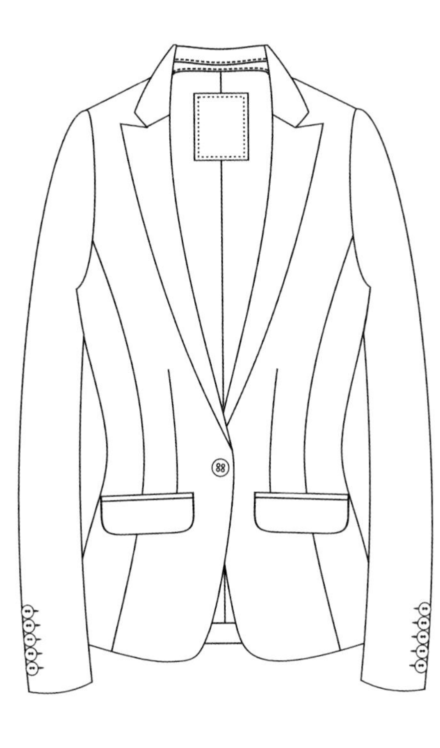

图5-12　枣核省

图5-13

图5-13 褶表现法

第五节　图案设计表现法

图案是一种装饰性与实用性相结合的艺术形式。图案的主要目的在于审美，图案必须依附在服装上才能体现美的价值。

图案按制作工艺可分为印染图案、刺绣图案、编制图案、手绘图案、陶瓷图案、镶嵌图案等。平面的复杂印花图案是其中重要的组成部分。印花图案是时装表演T台上的一大亮点（图5-14）。

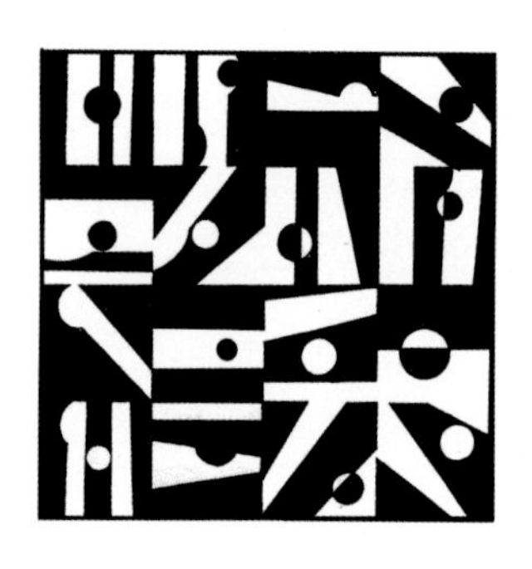

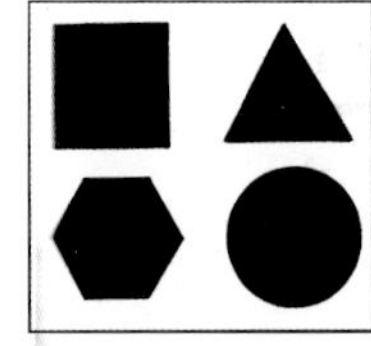
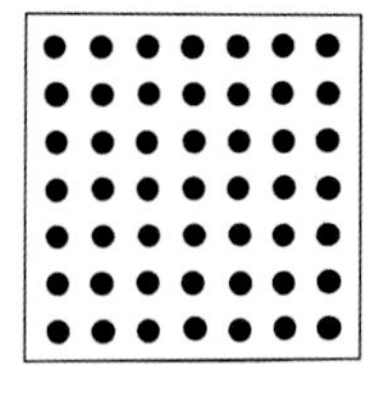
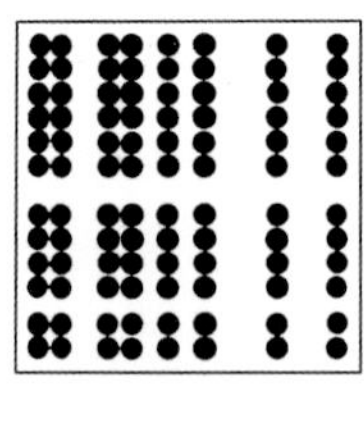
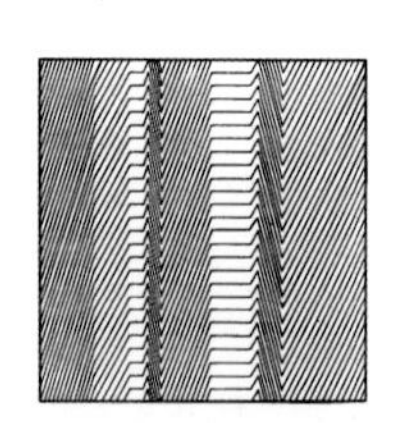

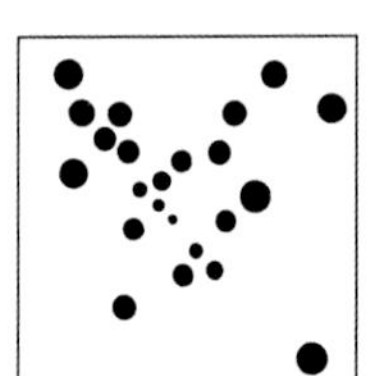
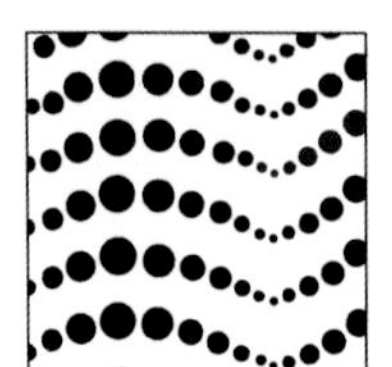

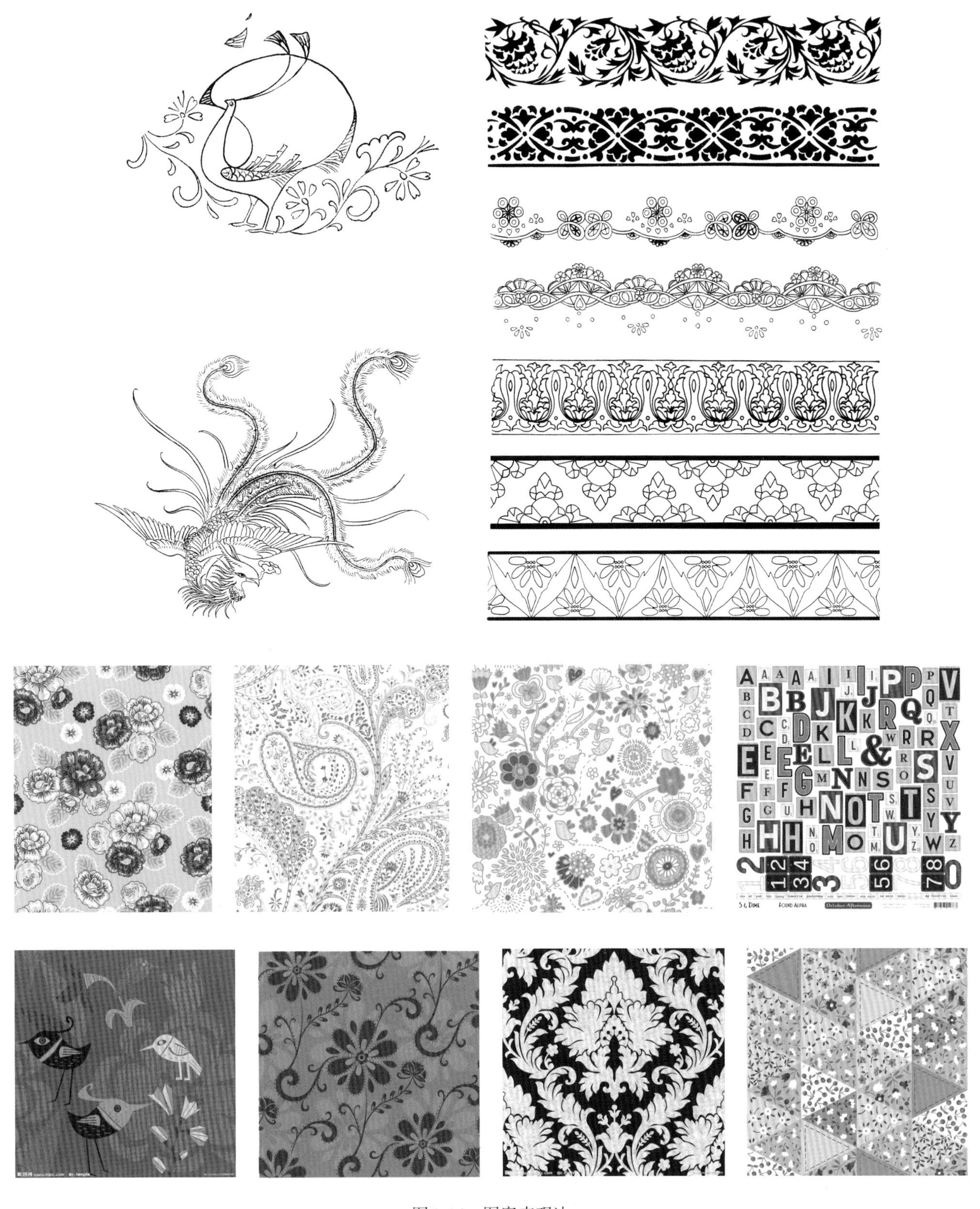

图5-14　图案表现法

第六节　门襟等部位表现法

一、门襟表现法

1. 门襟

门襟是指衣服、裤子、裙子前中线处的开襟、开缝部位。通常门襟是要装拉链、纽扣、拷纽、暗合扣、搭扣、魔术贴等可以帮助开合等辅料的。门襟分为明门襟（露出拉链、纽扣）、暗门襟（不露出拉链、纽扣）、假门襟（起装饰作用）三类（图5-15）。

图5-15　门襟表现法

2. 门襟关卡的连接件

（1）拉链。拉链是使服装并合或分离的连接件。拉链是代替纽扣起到装饰作用的服饰配件之一。大致可分为开尾型拉链、封尾型拉链、隐形拉链（图5-16）。

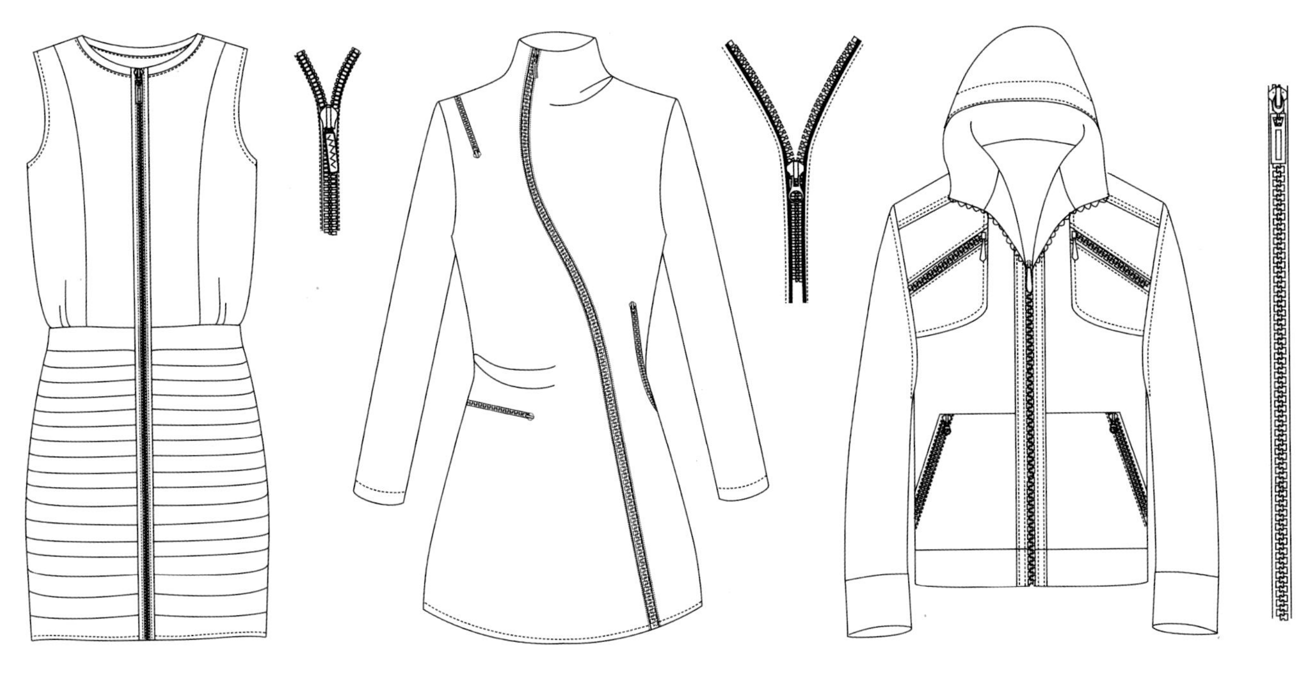

图5-16　拉链表现法

（2）纽扣。纽扣的种类很多，大致可为分开启（有扣眼）、按钮（不需要扣眼）、装饰纽（没有开启作用）、盘扣（中式服装手工制作的扣）四类。纽扣的选配要考虑与服装的面料、色彩、穿着者年龄、服装风格之间的关系（图5-17）。

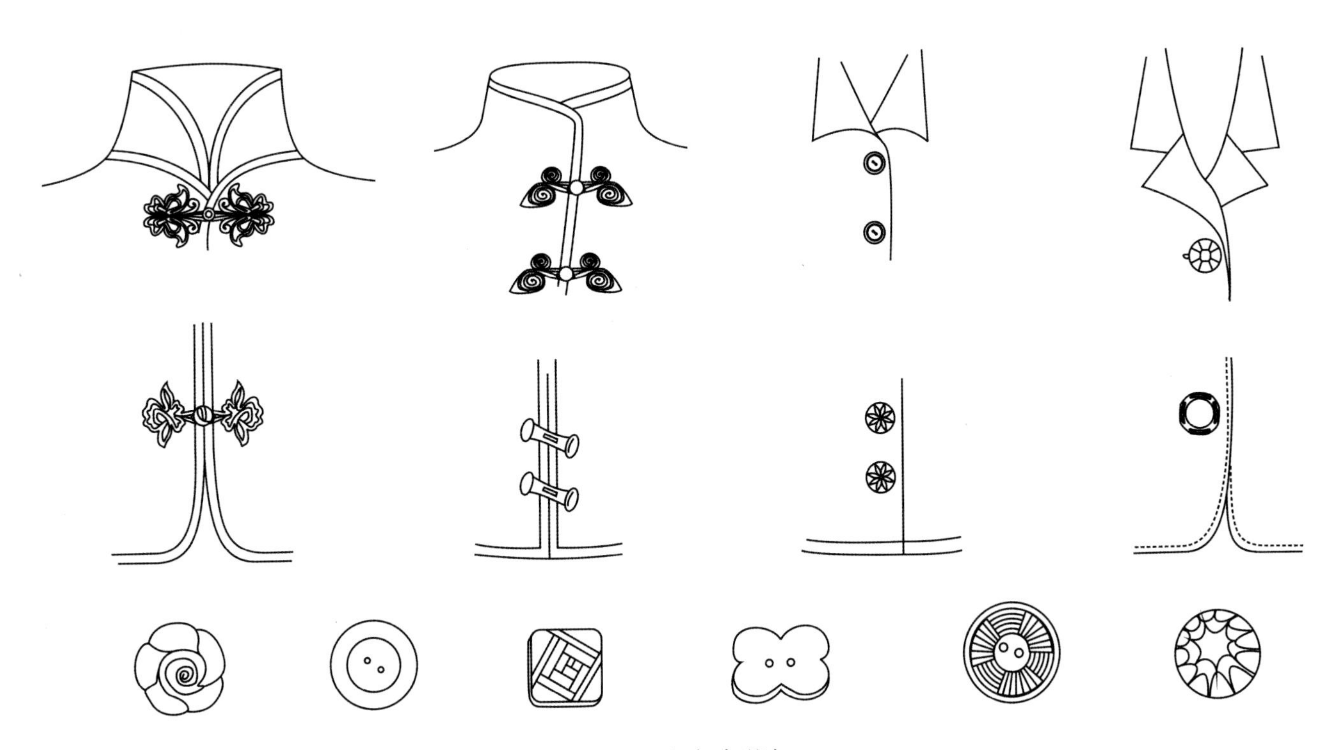

图5-17　纽扣表现法

二、花边表现法

花边在童装和女装运用较为广泛。特别是内衣、礼服运用更多，描绘时要注意花边与人体起伏而产生的效果。应先画出花边的轮廓和转折起伏变化，再去描绘花边的花纹（图5-18）。

图5-18 花边表现法

三、衣衩表现法

衣服为了穿脱方便，在上衣的侧缝、后背，裤口或裙底摆处开口，称为衩。开衩有衣衩（摆衩）、袖衩、裙衩、裤衩等。开衩有长短、高低、正斜、位置变化及装饰等表现手法（图5-19）。

四、下摆表现法

下摆又称服装底边，它的变化直接影响到服装造型的变化。下摆线是服装造型布局的重要横向分割线。下摆的设计是烘托服装廓型的重要因素。下摆可以呈水平线形、斜线形、圆弧形、星角形、松紧、长短、不规则等形状的变化（图5-20）。

图5-19　衣衩表现法

图5-20　下摆表现法

思考与练习题

1．画30款不同造型的领子。
2．画30款不同造型的袖子。
3．画30款不同造型的口袋。
4．画10款不同造型的省褶。
5．画30款服装图案。
6．画10款门襟表现法。
7．画10款拉链表现法。
8．画10款纽扣表现法。
9．画10款花边表现法。
10．画10款衣衩表现法。
11．画10款下摆表现法。

应用理论——

女装款式表现技法

课题名称： 女装款式表现技法

课题内容： 休闲风格时装表现法

都市风格时装表现法

中式风格时装表现法

职业装表现法

韩式风格时装表现法

民族风格时装表现法

运动女装表现法

中性化时装表现法

课题时间： 16课时

训练目的： 掌握休闲风格时装表现法、都市风格时装表现法、中式风格时装表现法、职业装表现法、韩式风格时装表现法、民族风格时装表现法、运动女装表现法、中性化时装表现法等知识技能。

教学方式： 讲授法、举例法、示范法、启发式教学、现场实训教学相结合。

教学要求： 1. 掌握休闲风格时装表现法。

2. 掌握都市风格时装表现法。

3. 掌握中式风格时装表现法。

4. 掌握职业装表现法。

5. 掌握韩式风格时装表现法。

6. 掌握民族风格时装表现法。

7. 掌握运动女装表现法。

8. 掌握中性化时装表现法。

第六章　女装款式表现技法

女装款式新颖而富有时代感，每隔一定时期就会流行一种款式。女装对面料、辅料、工艺和织物的结构、质地、色彩、花型等要求较高，讲究装饰、配套。在款式、造型、色彩、纹样、缀饰等方面不断变化创新、标新立异。按照一般的传统原则，服装是以造型、材料、色彩构成的空间立体结构。

第一节　休闲风格时装表现法

休闲风格是以穿着与视觉上的轻松、随意、舒适为主，年龄层跨度较大，适应每个阶层日常穿着的服装风格。休闲风格的服装在造型元素的使用上没有太明显的倾向性。点造型和线造型的表现形式很多，如图案、刺绣、花边、缝纫线等；面造型多重叠交错使用，以表现一种层次感；体造型多以零部件的形式表现。休闲风格时装的线条轻松、活泼、舒适、自由，给人以自在、飘逸、悠闲的整体感觉。休闲风格时装的设计以舒适为基础，注重简约、自由的感觉。蕴含休闲、自然、时尚的生活理念。给消费者带来雅致、洒脱、精致、时尚的品位感（图6–1）。

图6-1　休闲风格时装

第二节　都市风格时装表现法

都市风格时装精于色彩的创造性搭配，秉承理性、简约、休闲、时尚的设计风格。顾客群是20～40岁的都市白领女性，以这个消费群的生活方式为根本，进行产品开发与设计。从面料到成品都要经过严谨的设计，精致的剪裁工艺，注重质感、细节，全方位体现品牌的魅力，追求自然随意、时尚优雅和充满现代时尚美感，为时尚都市女性创造自由搭配服饰的穿着文化，展现女性的曲线美与健康美，体现都市生活的时尚品位（图6–2）。

图6-2 都市风格时装

第三节　中式风格时装表现法

中式风格时装的面料多以纯天然棉、麻料为主。设计以中国深厚的传统文化为底蕴，并借助时装流行时尚，使现代风情与传统风格两个相对独立而又能和谐统一的元素完美地融合。设计中加入了时尚元素的设计，原本普通而平实的纯棉、麻布料变得炫目多姿起来，在休闲中加入了一丝精致意味。款式上力求简洁、大气、休闲、性感、现代之美。尤其是将传统的工艺手法如手绘、手绣、盘扣、缝珠、嵌边等运用到服装上，创造出具有现代时尚和民族特色的服装。品种有中式单夹上衣、中式套装、中式连衣裙、中式礼服、新娘装、中式长短大衣、休闲棉衣等，让中式服装更适合现代人的心理。消费者对中式传统服装有很深厚的感情，借助现代服饰工艺和手法表现传统服饰之美，充分展现东方女性贤淑、典雅、温柔的特有性情和气质。完美再现传统与现代文化元素的交融，使之成为时尚之美、东方之美（图6–3）。

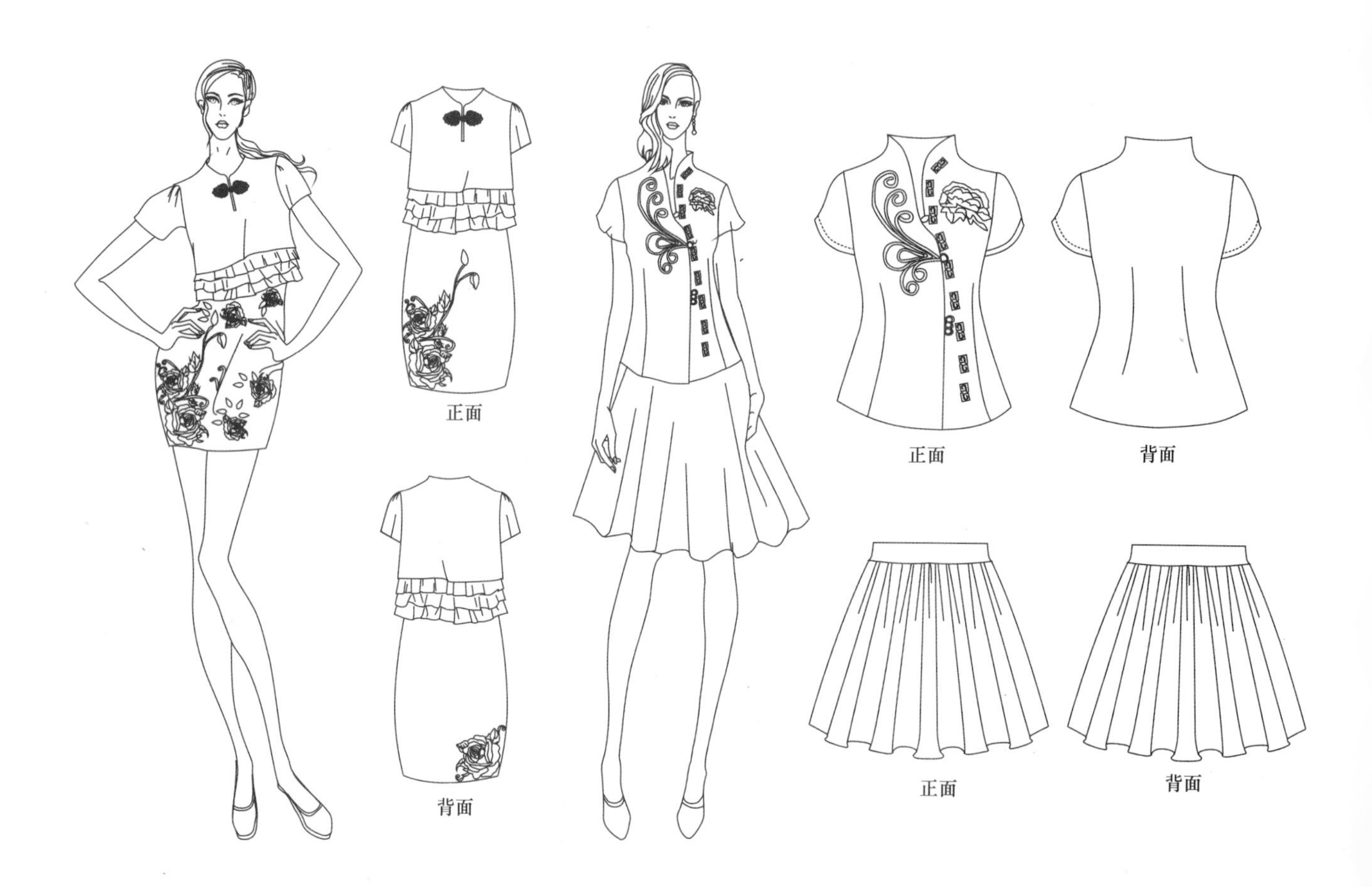

图6-3　中式风格时装

第四节　职业装表现法

职业装是为工作需要而特制的服装。职业装设计时需根据客户的要求，结合职业特征、团队文化、年龄结构、体型特征、穿着习惯等，从服装的色彩、面料、款式、造型、搭配等多方面考虑，提供最佳设计方案，打造富于内涵及品位的全新职业形象。让职场女性从传统的黑白灰的中性风格套装中解放出来，为职场的女性蒙上一层自然之美。宽松的外形，柔软的面料给忙碌的都市女性带来轻便舒适的穿着感受（图6–4）。

图6-4　职业女装

第五节　韩式风格时装表现法

韩式风格时装舍弃了简单的色调堆砌，而是通过明暗色彩对比来彰显品位。服装设计师通过面料的质感与色彩对比，加上款式的丰富变化来强调冲击力，那种浓艳的、繁复的、表面的东西被精致的甚至有点羞涩的展现取而代之，简洁得连口袋都省了的长裤、不规则的衣裙下摆、极具风情的折褶花边都在表白它的美丽与流行。韩式风格时装追求的境界是风格的定位和设计，服装风格表现了设计师独特的创作思想、艺术追求，也反映了鲜明的时代特色。设计师个人的创作风格可能不像时代风格或民族风格那样长久维持，但创造中真正体现了个人风格，现代的艺术风格演绎得淋漓尽致（图6-5）。

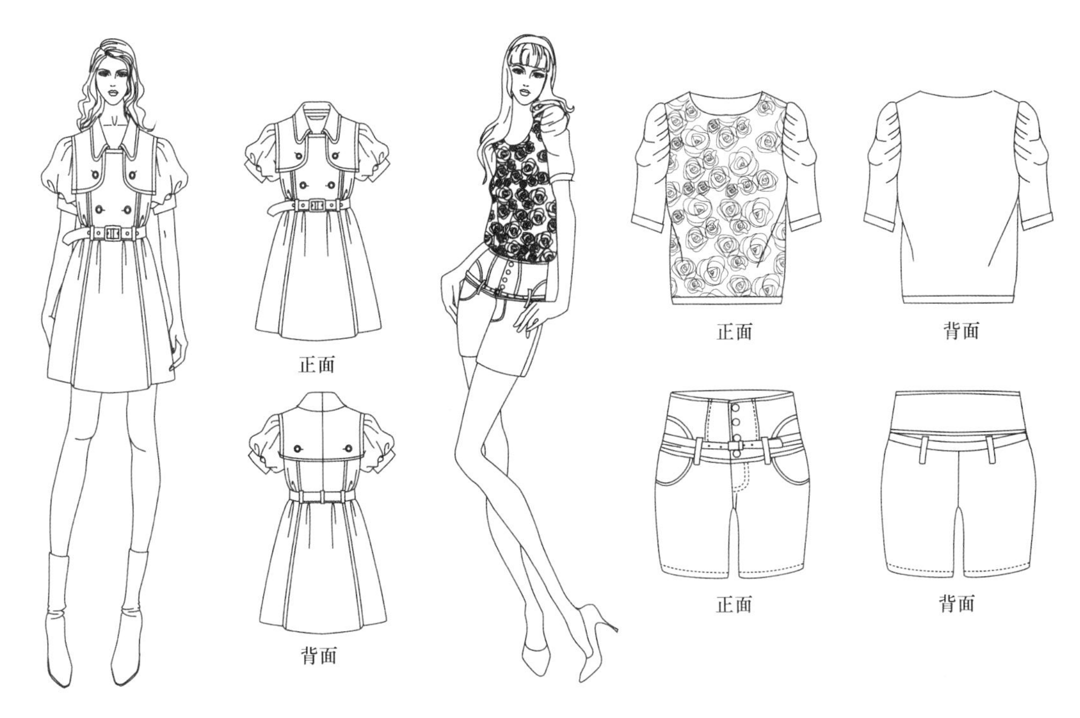

图6-5

图6-5 韩式风格时装

第六节　民族风格时装表现法

民族风格时装是借助民族和现代服装设计元素相结合的服装。民族元素包含许多极具特色的图案、颜色和饰品。民族的元素体现了一个民族的生活风貌、风俗习惯、审美意识以及文化积累。民族元素在现代服装中的运用，体现了民族元素的文化底蕴和内涵。民族风格时装以绣花、蓝印花、蜡染、扎染为主要工艺，面料一般为棉和麻，款式上具有民族特征，或者在细节上带有民族风格（图6-6）。

图6-6

图6-6　民族风格时装

第七节　运动女装表现法

运动风格女装借助运动装设计元素来体现出充满活力的风格，服装较多运用块面与条状分割及拉链、商标等进行装饰。从造型的角度讲，运动风格服装多使用线造型，而且多为对称造型，线造型以圆润的弧线和平挺的直线居多。款式造型多使用拼接形式而且相对规整，点造型使用较少，偶尔以少量装饰如小面积图案，商标形式体现，运动风格服装条纹的韵律，像是运动训练过程的不断重演；印花的鲜活，则令人感受迎接阳光的热情活力。面料多用棉，机织物与针织物的组合搭配可以突出机能性的材料。色丁面料和皮革的结合是柔和刚的完美对比。运动风格色彩比较鲜明，白色以及各种不同明度的红色、黄色、蓝色等在运动风格的服装中经常出现（图6-7）。

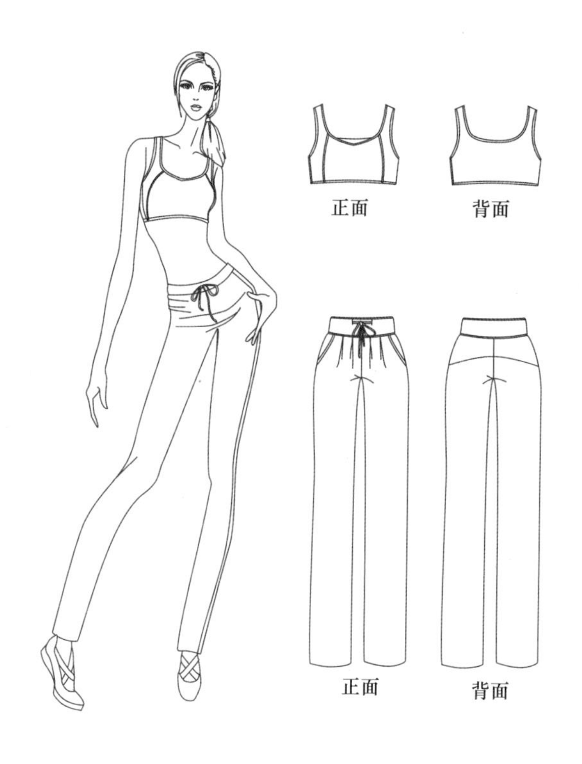

图6-7

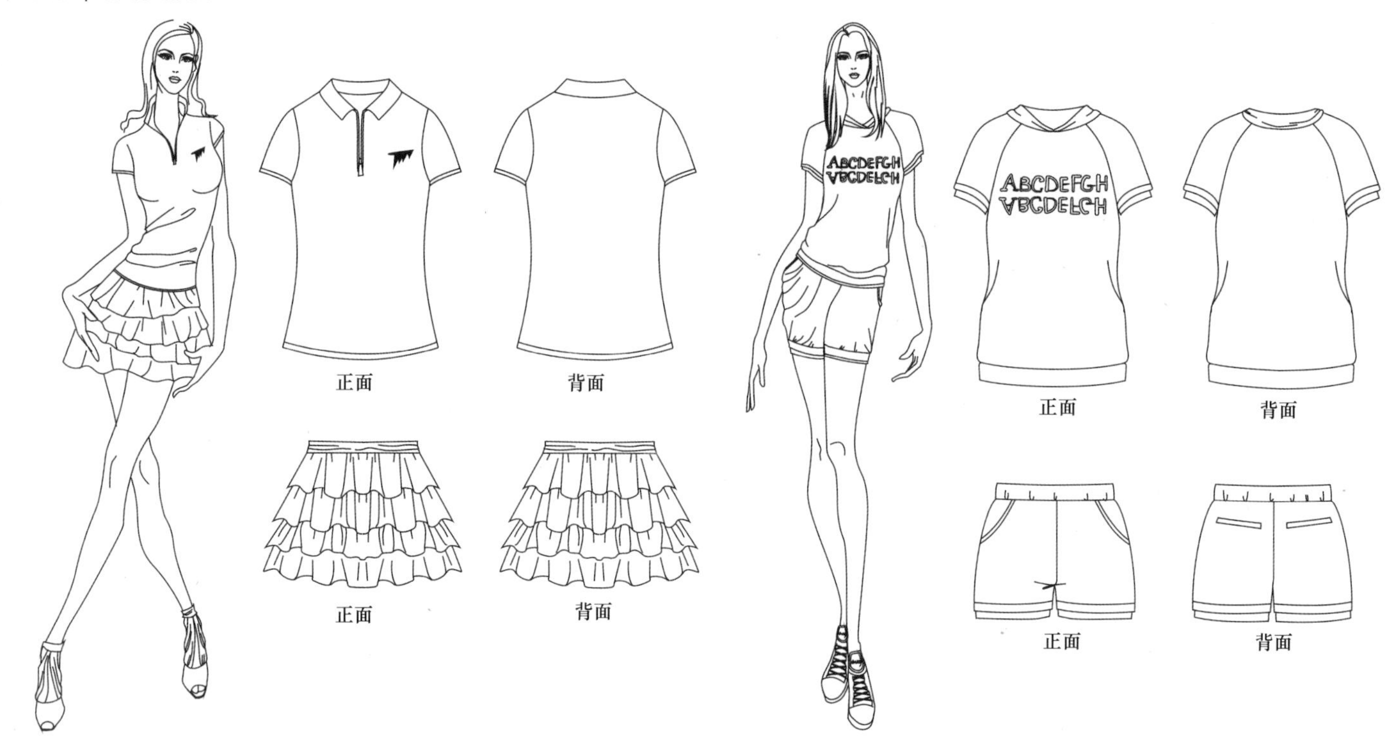

图6-7　运动风格女装

第八节　中性化时装表现法

中性化时装属于现代非主流的服装。随着社会的发展，人们追求一种毫无装饰的个性美。性别不再是服装设计师考虑的全部因素，介于两性中间的中性化时装成为街头一道独特的风景。中性化时装以其简约的造型满足女性在社会地位中的自信，以简约的风格让男性享受时尚的喜悦。社会越来越无法以职业对两性作出明确的角色定位。T恤衫、牛仔装、低腰裤被认为是中性化服装，而黑白灰则是中性色彩（图6-8）。

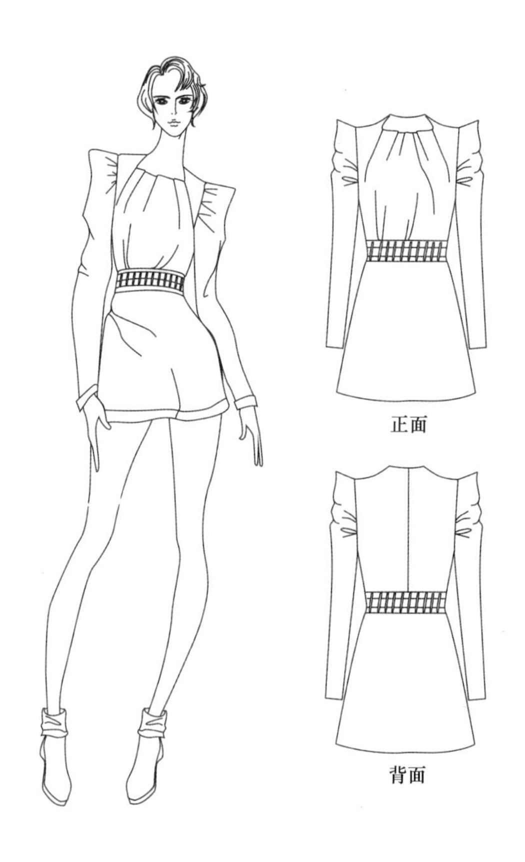

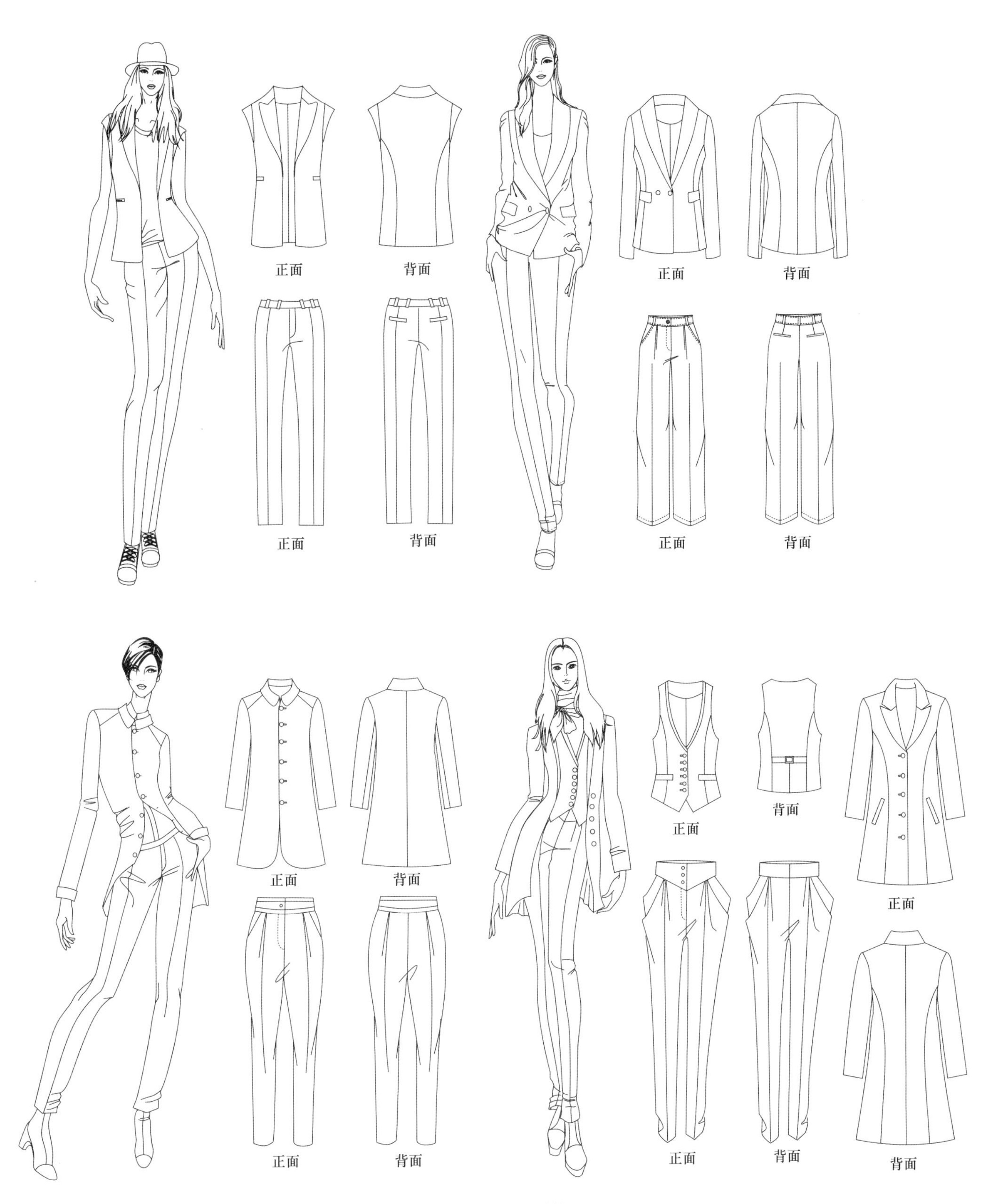

图6-8　中性化时装

思考与练习题

1．画10款休闲风格女装。
2．画10款都市风格女装。
3．画10款中式风格女装。
4．画10款职业女装。
5．画10款韩式风格女装。
6．画5款民族风格女装。
7．画10款运动女装。
8．画10款中性化女装。

应用理论——

男装款式表现技法

课题名称：男装款式表现技法

课题内容：男裤款式表现法

男衬衫款式表现法

男西装款式表现法

男夹克款式表现法

课题时间：8课时

训练目的：掌握男裤款式表现法、男衬衫款式表现法、男西装款式表现法、男夹克款式表现法等知识技能。

教学方式：讲授法、举例法、示范法、启发式教学、现场实训教学相结合。

教学要求：1．掌握男裤款式表现法。

2．掌握男衬衫款式表现法。

3．掌握男西装款式表现法。

4．掌握男夹克款式表现法。

第七章　男装款式表现技法

男装的基本概念有广义和狭义之分：广义男装是指男士所穿衣服、鞋帽和装束的总称，是指一切可以用来装饰身体的物品；狭义的男装是指利用织物制成的穿戴于身的生活用品。男装款式设计是以服装为对象，运用恰当的设计语言，完成整个着装状态的创造过程。男装款式设计以男士的生理、心理、人体结构以及诸多的社会因素为依托，对男士服装款式的再造与创新，使其符合服饰审美理念。

男装款式设计主要分为实用装设计和创意装设计，实用装按其类别可分为职业装（也称正装）、休闲装、礼服等形式，设计多在不打破传统造型的基础上，进行局部设计或细节设计，使整体服装呈现焕然一新的视觉效果。创意服装的设计可应用于任何一种服装形式，它脱离了服装传统模式的束缚，以开放或发散性思维模式创造出前所未有的男装新造型。

第一节　男裤款式表现法

男裤是男装的主要服装品种之一。男裤可以分为西裤（图7–1）、休闲裤（图7–2）、内裤（图7–3）等。从长度上可以分为短裤、五分裤、七分裤、九分裤、长裤等。从款式造型上分为合体（图7–4）和宽松（图7–5）两大类。

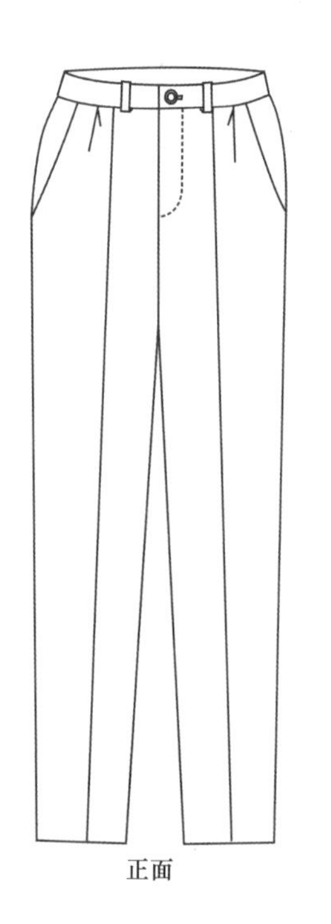

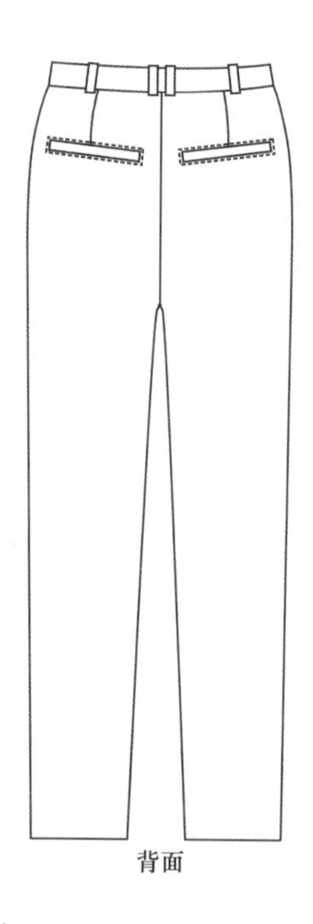

图7–1　男式西裤

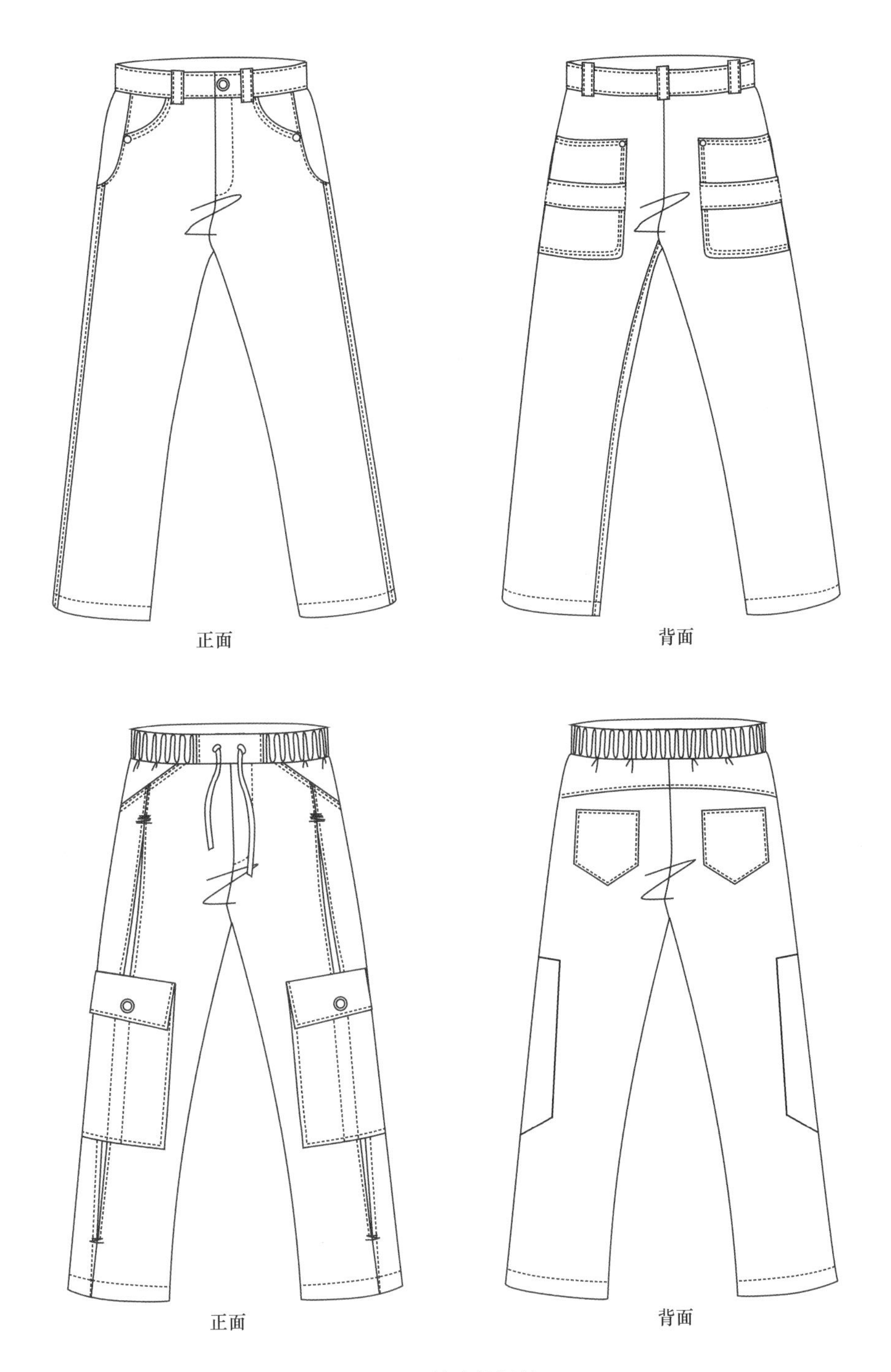

图7-2 男式休闲裤

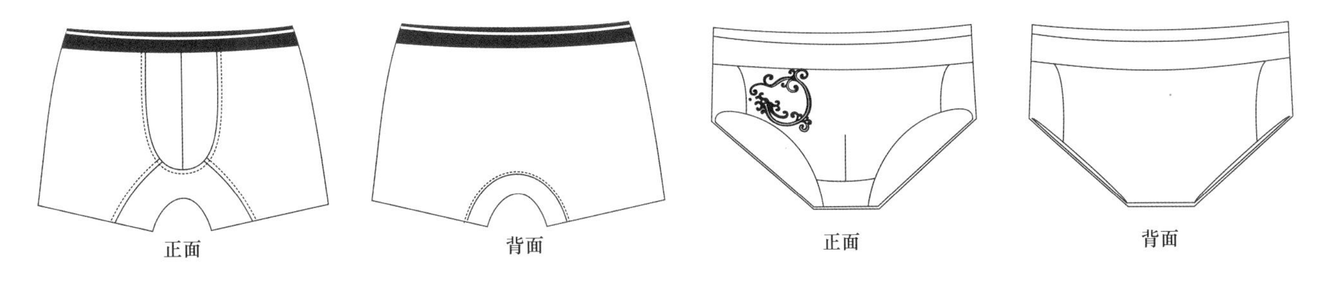

图7-3 男士内裤

图7-4　合体类

图7-5　宽松类

第二节　男衬衫款式表现法

男衬衫从款式造型上分为正装（图7-6）和休闲装（图7-7）两大类。男衬衫在其长时间的进化和改良过程中深受各地域历史文化、生活习惯所影响，形成了现在款式繁多的男衬衫。比如，欧洲人有着深厚的贵族传统，对于穿着特别讲究，有法式双叠袖、修身裁剪、加高方领等特点的法式衬衫备受欧洲贵族绅士的推崇；而美国深受平民文化的影响，衬衫的样式宽松，不讲究剪裁，往往还采用纽扣来固定领尖，虽然避免了领子翘起，但这种简单的处理方法显得不够精致和考究。

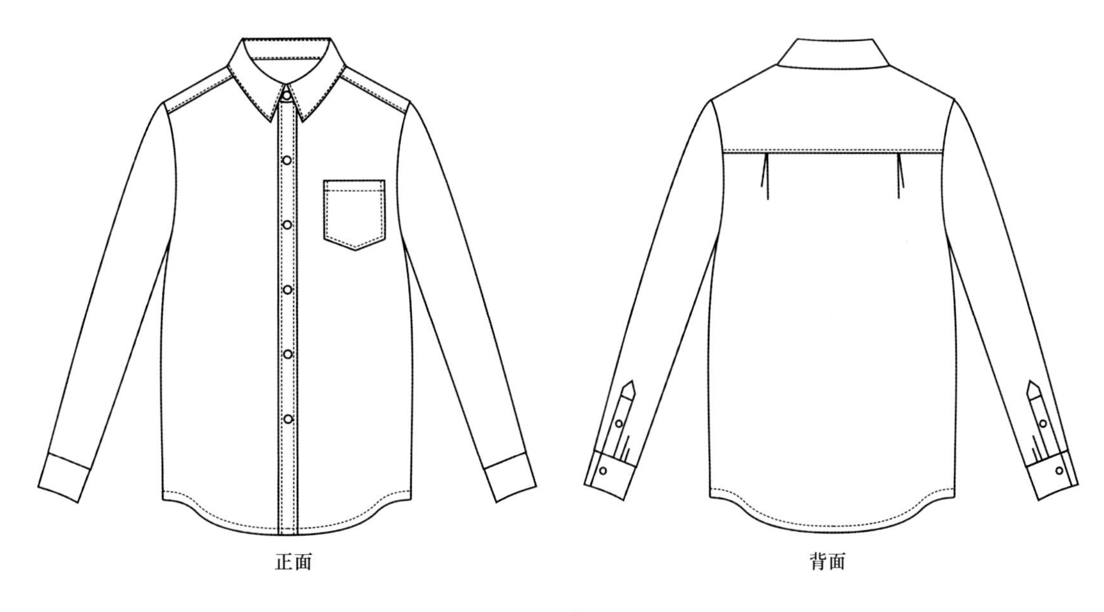

图7-6　正装男衬衫

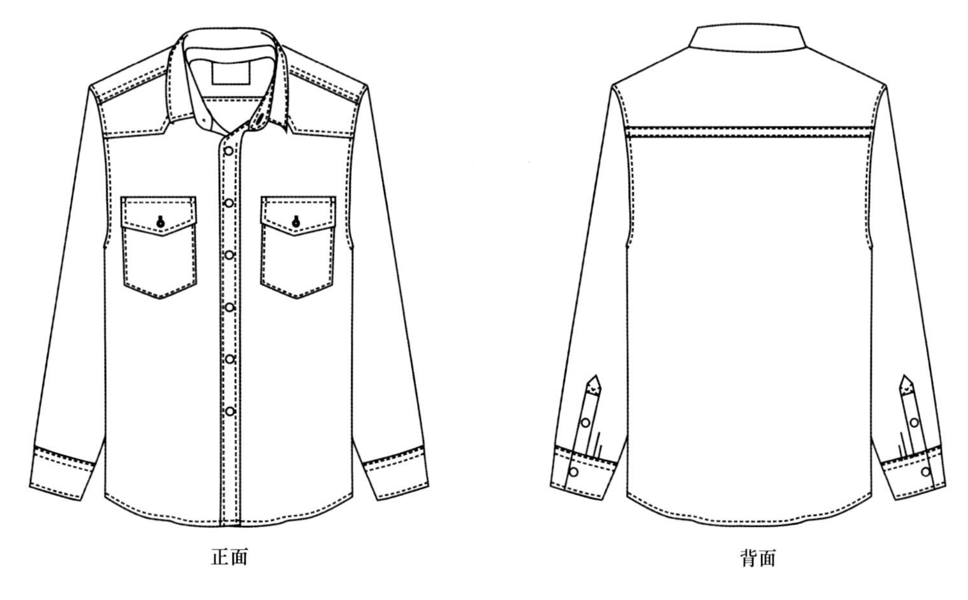

图7-7　休闲男衬衫

第三节　男西装款式表现法

男西装主要有平驳领（图7-8）、戗驳领（图7-9）和青果领（图7-10）等造型，前身有单排一粒扣、两粒扣，双排四粒扣、六粒扣等。男西装与西裤都是用相同的面料、色彩缝制而成，并且由领带、西装马甲三件套组成，给人留下肃穆、端庄的印象，适宜于正式场合以及礼仪社交活动。西装分为两件套和三件套两种。

男西装在不同国家有不同特点，它的款式可以分为欧式、美式、英式三种。欧式西装特点通常讲究贴身合体，垫肩很厚，胸部做得较饱满，袖窿部位较高，肩头稍微上翘，翻领部位狭长，大多为两排扣形式，多采用质地厚实、深色全毛面料。美式西装的特点讲究舒适，线条较为柔和，腰部适当地收缩，胸部

图7-8　平驳领男西装

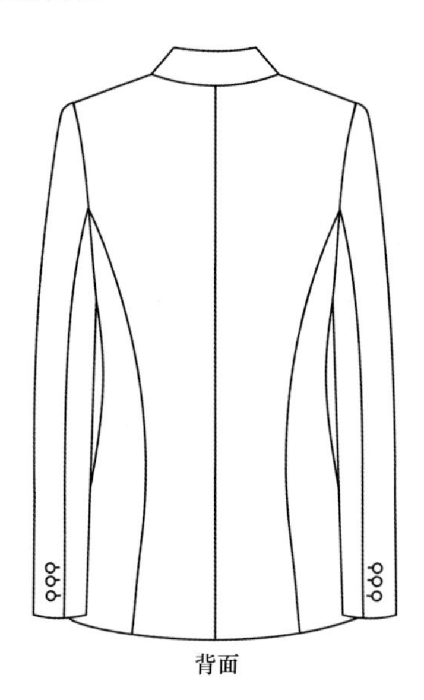

图7-9　戗驳领男西装

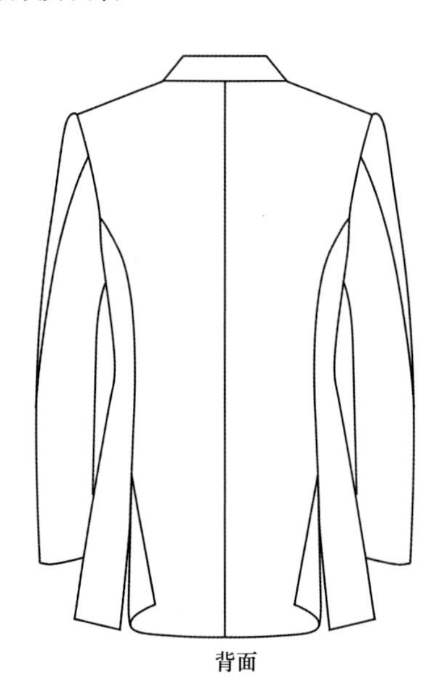

图7-10　青果领男西装

也不过分收紧，符合人体的自然形态。垫肩不高，袖窿较低，呈自然肩型显得精巧，一般以两三粒扣单排为主，翻领的宽度也较为适中，对面料的选择范围较广。英西装的特点类似于欧式，腰部较紧贴，符合人体自然曲线，肩部与胸部不过于夸张，多在上衣后身片下摆处做两个开衩。

第四节　男夹克款式表现法

男夹克是男装的主要服装品种之一。按照门襟造型特征划分，男夹克可以分成双排扣、单排扣、对襟、牛角扣、拉链、明门襟、暗门襟、掩门襟等类型。按领型划分，男夹克可分为衬衫领、立领、西装领、大翻领、小翻领、连帽式、可脱卸帽、双层领、针织领等。按风格划分，男式夹克可以分成正装夹克（图7-11）、商务休闲夹克（图7-12）、时尚休闲夹克（图7-13）、牛仔夹克（图7-14）四大类。

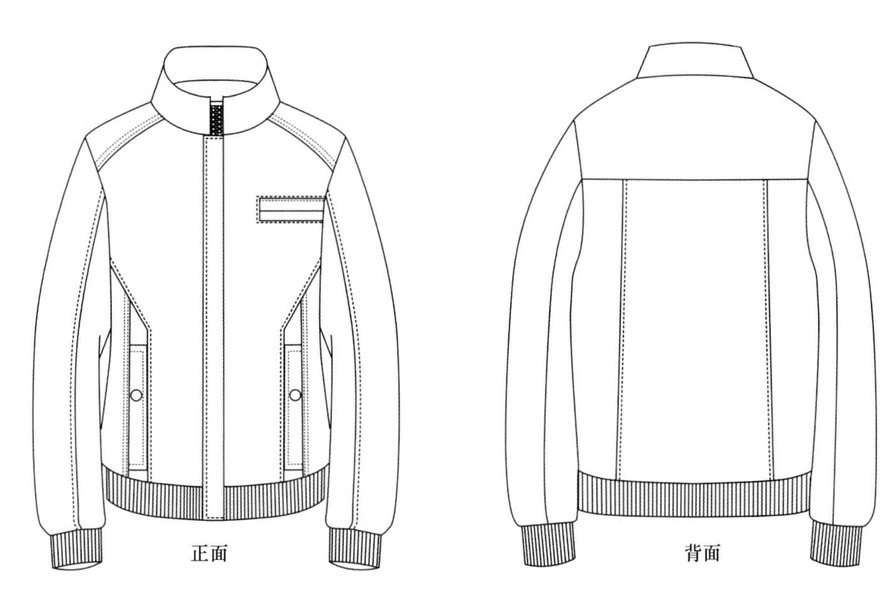

图7-11　正装男式夹克

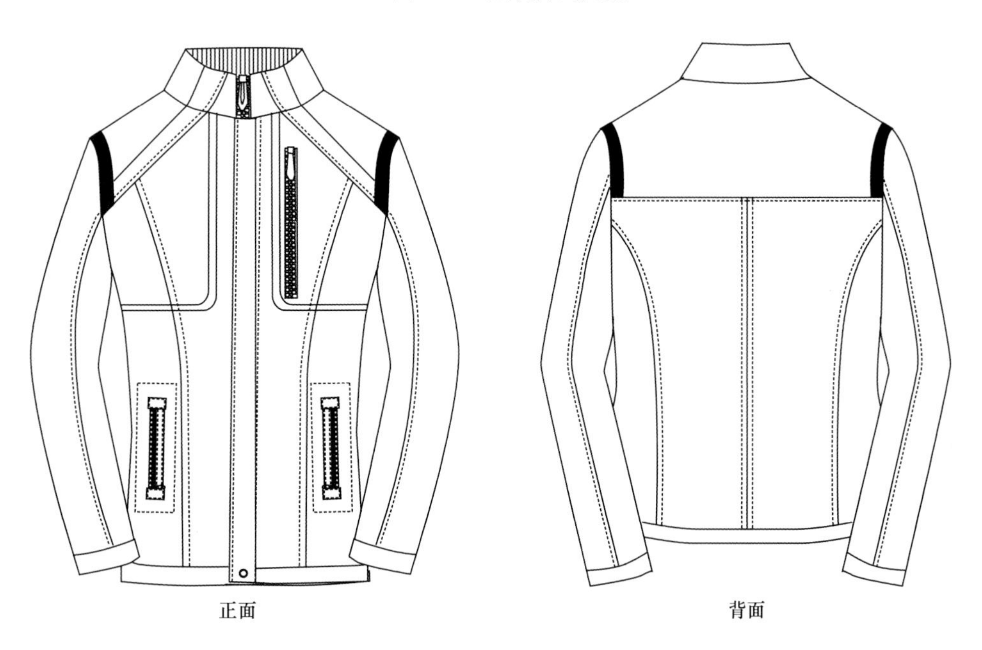

图7-12　商务休闲男式夹克

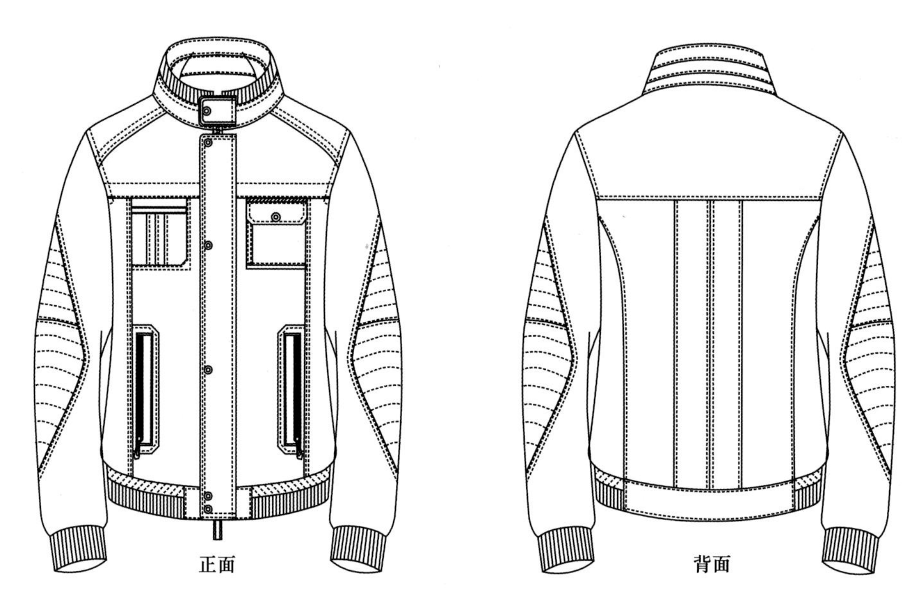

图7-13　时尚休闲男式夹克

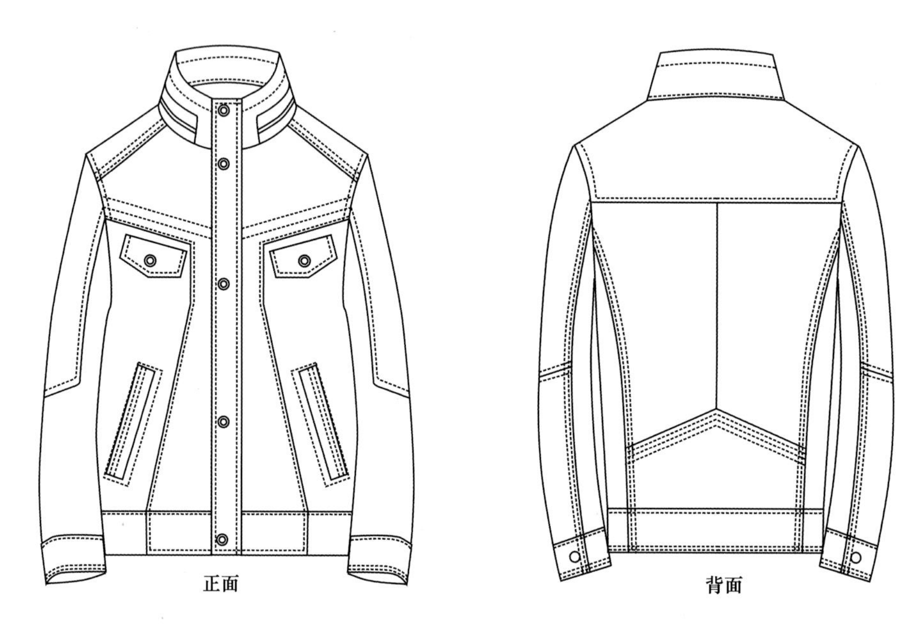

图7-14　牛仔男式夹克

思考与练习题

1. 画10款男裤。
2. 画10款男衬衫。
3. 画10款男西装。
4. 画10款男夹克。

应用理论——

童装款式表现技法

课题名称：童装款式表现技法

课题内容：童裤表现法

裙装表现法

上装表现法

课题时间：6课时

训练目的：掌握童裤表现法、裙装表现法、上装表现法等知识技能。

教学方式：讲授法、举例法、示范法、启发式教学、现场实训教学相结合。

教学要求：1. 掌握童裤表现法。

2. 掌握裙装表现法。

3. 掌握上装表现法。

第八章 童装款式表现技法

童装是以儿童各年龄段的孩子为穿着对象的服装总称。儿童时期是指从出生至15岁。童装是根据儿童的不同年龄段、不同体型、不同性格以及服装穿用的不同季节等特点进行设计的。儿童在各个不同发育时期的体型都有其特点，神态、性格也各有区别，有的天真活泼，有的沉着文静。这些都是进行童装造型设计和色彩搭配时所要考虑的因素。

儿童与成人不同之处在于：儿童是在不断的发育成长，其形体和服装机能方面都不是大人的缩小版，而是随着成长，体型在变化，逐渐接近成人的体型。所以，童装的设计是由其自身的特点来决定的。

童装种类比较多，按年龄段可以分为婴儿、幼儿、小童、中童、大童五个时期，不同时期的童装也有各自的特色。按用途可以分为日常服、运动服、家居服、礼仪服、演出服、校服等。从造型特征可以分为裤装、裙裤、上装、连体装四大类。

第一节 童裤表现法

童裤是童装的主要服装品种之一。婴幼儿时期的童装裤子是开裆式的，因儿童时期的不断发育成长，小童和中童时期的童装多数采用橡筋式腰头。童裤外形变化虽然不明显，但其裤腰、侧缝、裤口、育克、口袋的细节和印花、刺绣装饰非常丰富。根据童裤的长度可划分为长裤、中裤、短裤等；根据款式造型可划分为直筒裤（图8-1）、喇叭裤（图8-2）、灯笼裤（图8-3）和裙裤（图8-4）等。

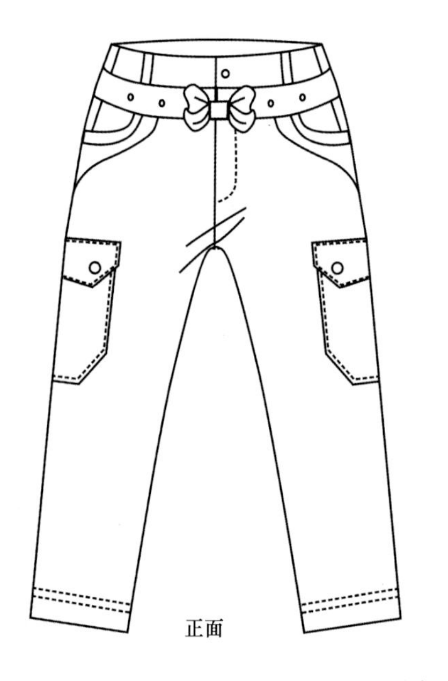

图8-1 直筒裤

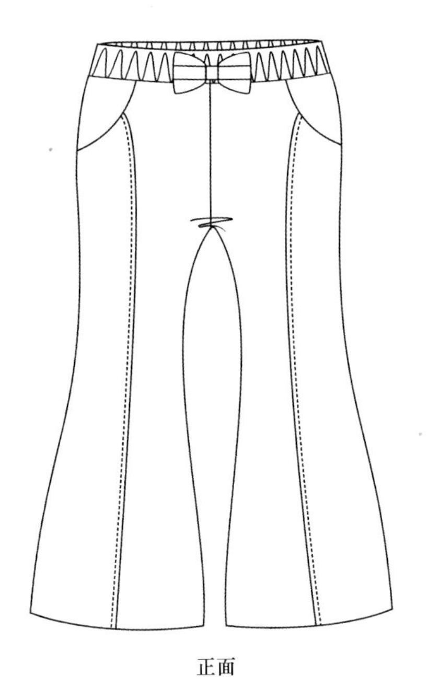

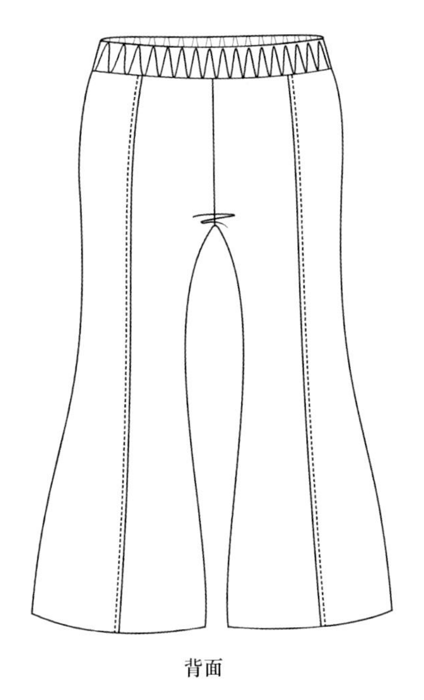

图8-2　喇叭裤

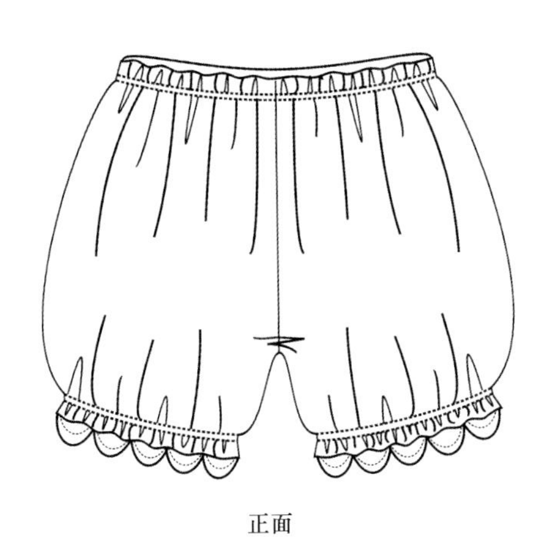

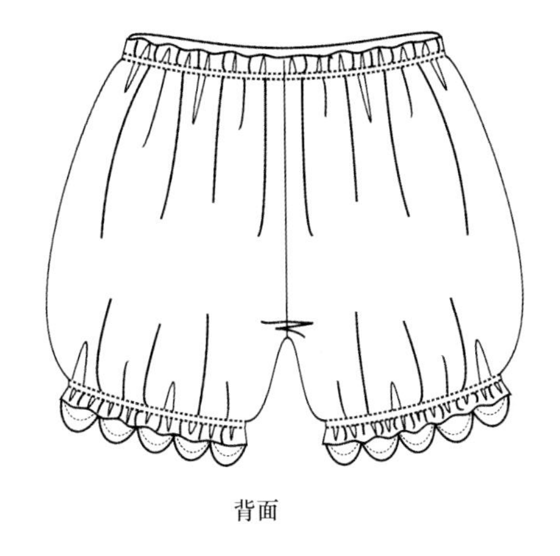

图8-3　灯笼裤

图8-4　裙裤

第二节　裙装表现法

裙装是女童服装品种之一，根据其长度可划分为迷你裙、及膝裙、中长裙和长裙等；根据裙子分割变化可划分为连腰裙、高腰裙、中腰裙、低腰裙等；根据裙子外部造型可划分为连衣裙（图8-5）、直筒裙（图8-6）、大摆裙（图8-7）等。童装裙子特别注重省裙、育克、口袋的细节造型设计和印花图案、刺绣装饰设计，以此来体现天真可爱的风格。

图8-5　连衣裙

图8-6　直筒裙

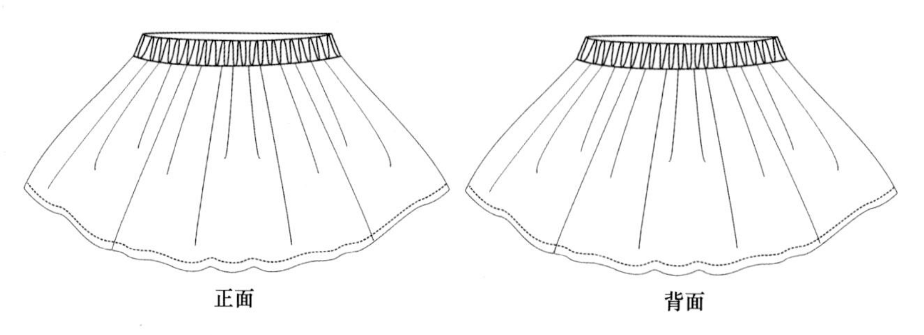

图8-7　大摆裙

第三节　上装表现法

上装是童装重要的服装品种之一。按照穿着习惯可划分为内衣、外衣两大类。根据款式造型可划分为T恤（图8-8）、衬衫（图8-9）、夹克（图8-10）、大衣（图8-11）、棉衣（图8-12）、西装（图8-13）等。

T恤是春夏童装的主要服装，以针织面料为主，一般采用套头式的领口，外形宽松舒适，造型简洁、大方。女童T恤注重细节变化和装饰点缀；男童T恤注重分割造型设计和拼接处理设计。

童装衬衫一般常用素色或印花平纹棉布为主要面料，造型特点是前中开襟，领子平领、翻领、立领三种形。女童衬衫常用碎褶、丝带、花边等进行装饰，童装衬衫的款式以贴边、缉线、分割设计、拼接处理等形式进行装饰。

夹克、大衣、棉衣、西装是童装的常见外衣品种。外衣适合在秋冬季节外出穿着，具有保暖作用。

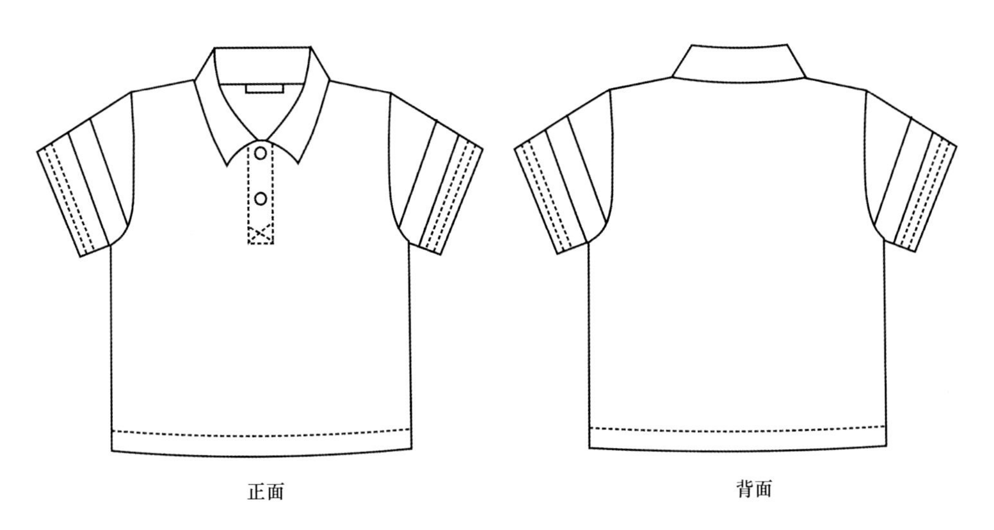

图8-8　T恤

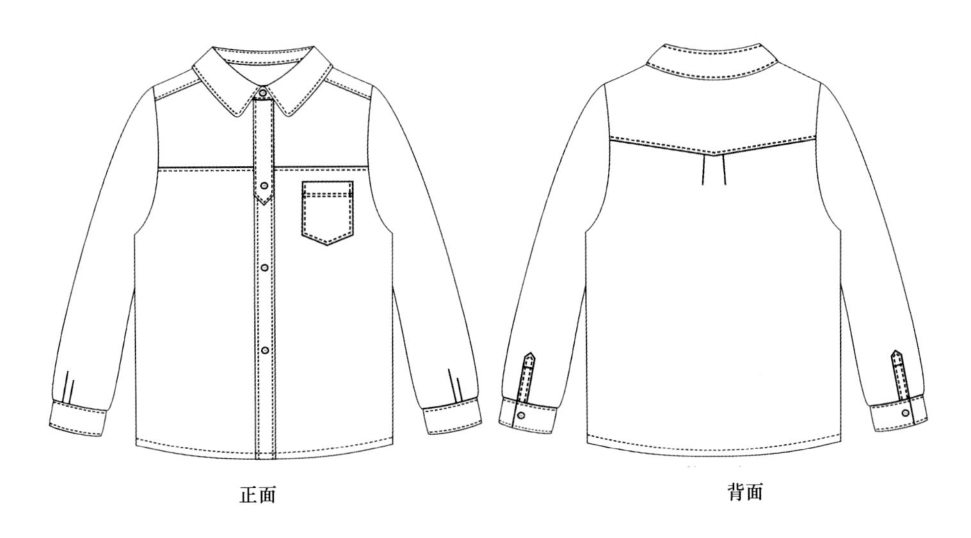

图8-9　衬衫

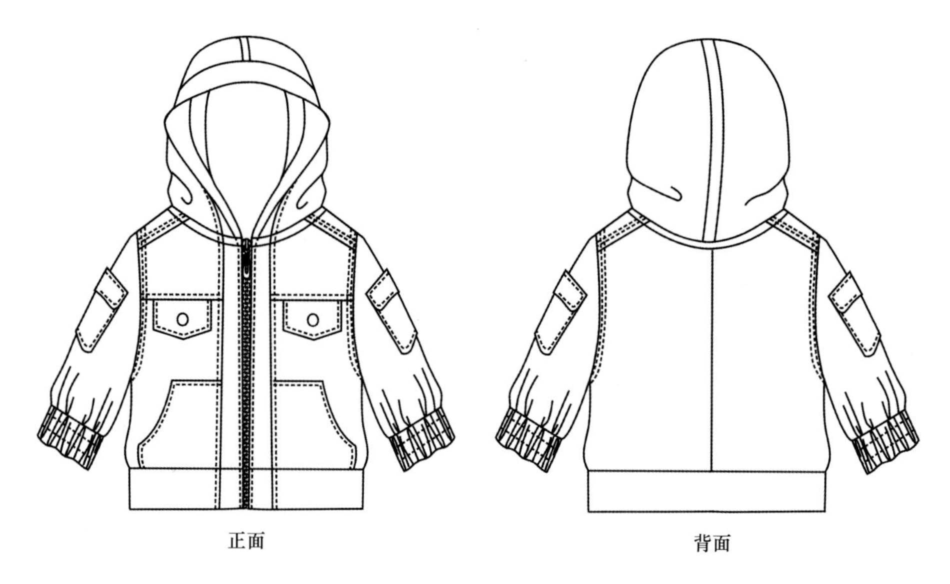

图8-10 夹克

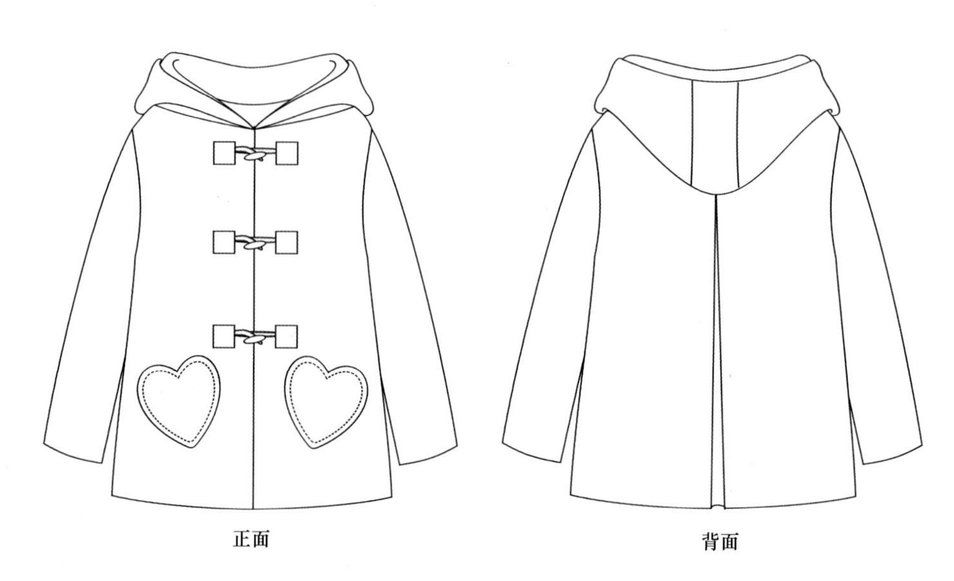

图8-11 大衣

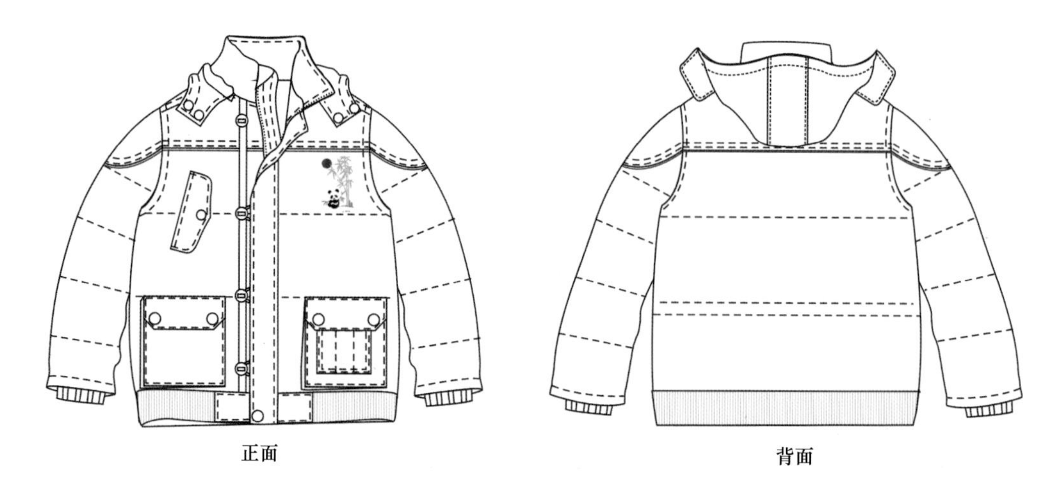

图8-12 棉衣

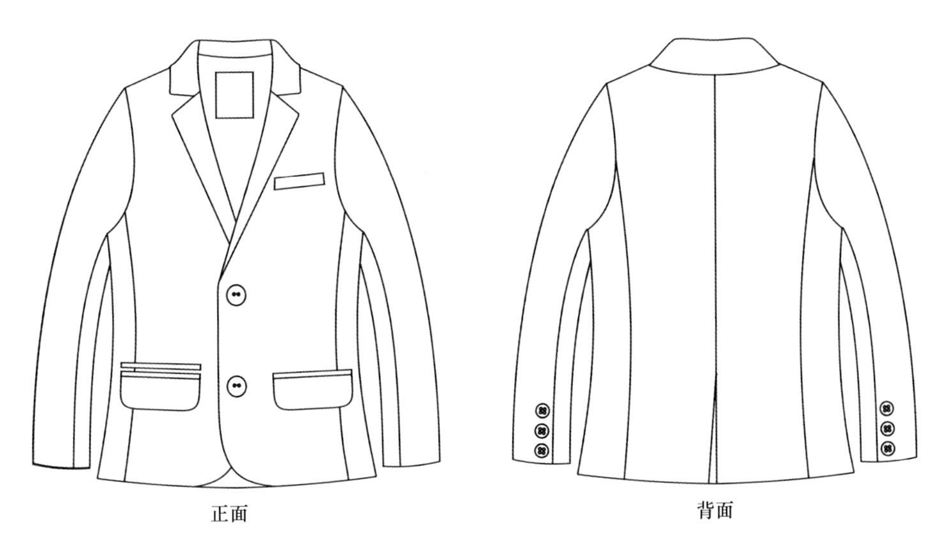

图8-13　西装

思考与练习题

1. 画20款童裤。
2. 画10款童装衬衫。
3. 画15款童裙。
4. 画10款童装外衣。

应用理论——

服装面料质感表现技法

课题名称： 服装面料质感表现技法

课题内容： 雪纺和丝绸类面料质感表现法
棉纺布和呢绒面料质感表现技法
针织物和棒针毛衫质感表现技法
牛仔和皮革面料质感表现技法
面料图案表现技法

课题时间： 5课时

训练目的： 掌握雪纺和丝绸类面料质感表现法、棉纺和呢绒类面料质感表现法、针织面料和毛衫类质感表现法、牛仔布和皮革面料质感表现法、面料图案表现法等知识技能。

教学方式： 讲授法、举例法、示范法、启发式教学、现场实训教学相结合。

教学要求： 1. 掌握雪纺和丝绸类面料质感表现法。
2. 掌握棉纺和呢绒类面料质感表现法。
3. 掌握针织面料和毛衫类质感表现法。
4. 掌握牛仔布和皮革面料质感表现法。
5. 掌握面料图案表现法。

第九章　服装面料质感表现技法

面料是服装呈现的载体，服装设计是通过面料这一物质媒介来体现的。为了使服装制板师和工艺师明确知晓服装设计师所选用的面料品种，在效果图中形象逼真地再现面料的质感就显得尤为重要。要想真实地表现面料的质感，首先要了解面料的质地特点，只有这样才能使自己的设计理念得到最充分的诠释和细腻的表现。

第一节　雪纺和丝绸类面料质感表现法

1. 雪纺

雪纺学名叫“乔其纱”，是丝产品中的一种轻薄透明的织物。织物具有轻薄、柔软、飘逸、滑爽、透气、易洗等特点，并且其舒适性和悬垂性也很好。面料既可染色、印花，又可绣花、烫金、打褶等。多以浅色调和浅素色泽为主，是制作春夏女装理想的面料之一。

雪纺面料质感表现法（图9–1）：

（1）先用浅色晕染铺底，并用铅笔勾出大致的纹样。

（2）再用笔画出服装部位轮廓。

（3）对服装部位做进一步的描绘。

（4）最后深入刻画，画出底层网纹，添加细节。

2. 丝绸

丝绸是指用蚕丝或合成纤维、人造纤维长丝织成的纺织品的总称。丝绸具有舒适感、吸、放湿性好、吸音、吸尘、耐热性好、抗紫外线等特点。绸缎的种类有真丝绸、人丝绸、合纤绸、交织绸。按用途划分有服用绸、装饰绸、工业用绸、保健用绸，按加工方法划分为机织绸、针织绸、无缫织绸。按绸面表现及染色划分为提花绸、印花绸、染色绸、扎染绸。丝绸面料特点质感爽滑、悬垂性好、光泽度佳，但易折皱。适用于各类礼服、高级成衣及夏装。

丝绸面料质感表现法（图9–2）：

（1）用淡彩描出底色。

（2）描绘出丝绸的暗部。

（3）渲染暗部与亮部的交界处，使其过渡自然，具有光滑感。

（4）最后用深色刻画丝绸的阴影或底边。

3. 蕾丝

蕾丝是内衣、晚礼服、婚纱、舞台服装首选的辅料之一。蕾丝的特点是透雕精细。在描绘蕾丝时，注意重点在对图案的精致刻画。

图9-1 雪纺

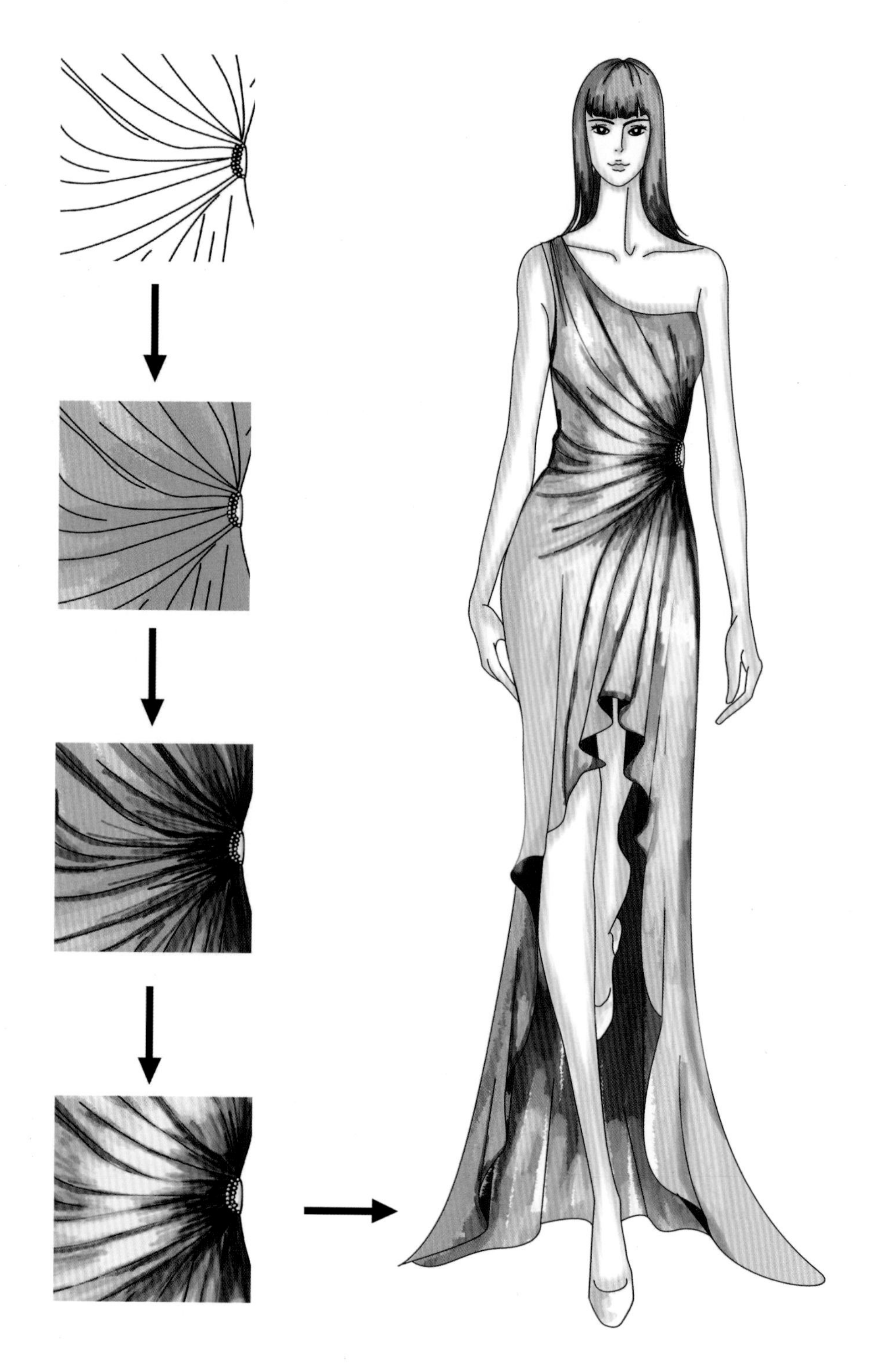

图9-2　丝绸

蕾丝面料质感表现法（图9-3）：

（1）先用浅色晕染铺底，并用铅笔勾出图案大致的位置。

（2）再用笔画出图案轮廓。

（3）对图案做进一步的描绘。

（4）最后深入刻画，画出底层网纹，添加细节。

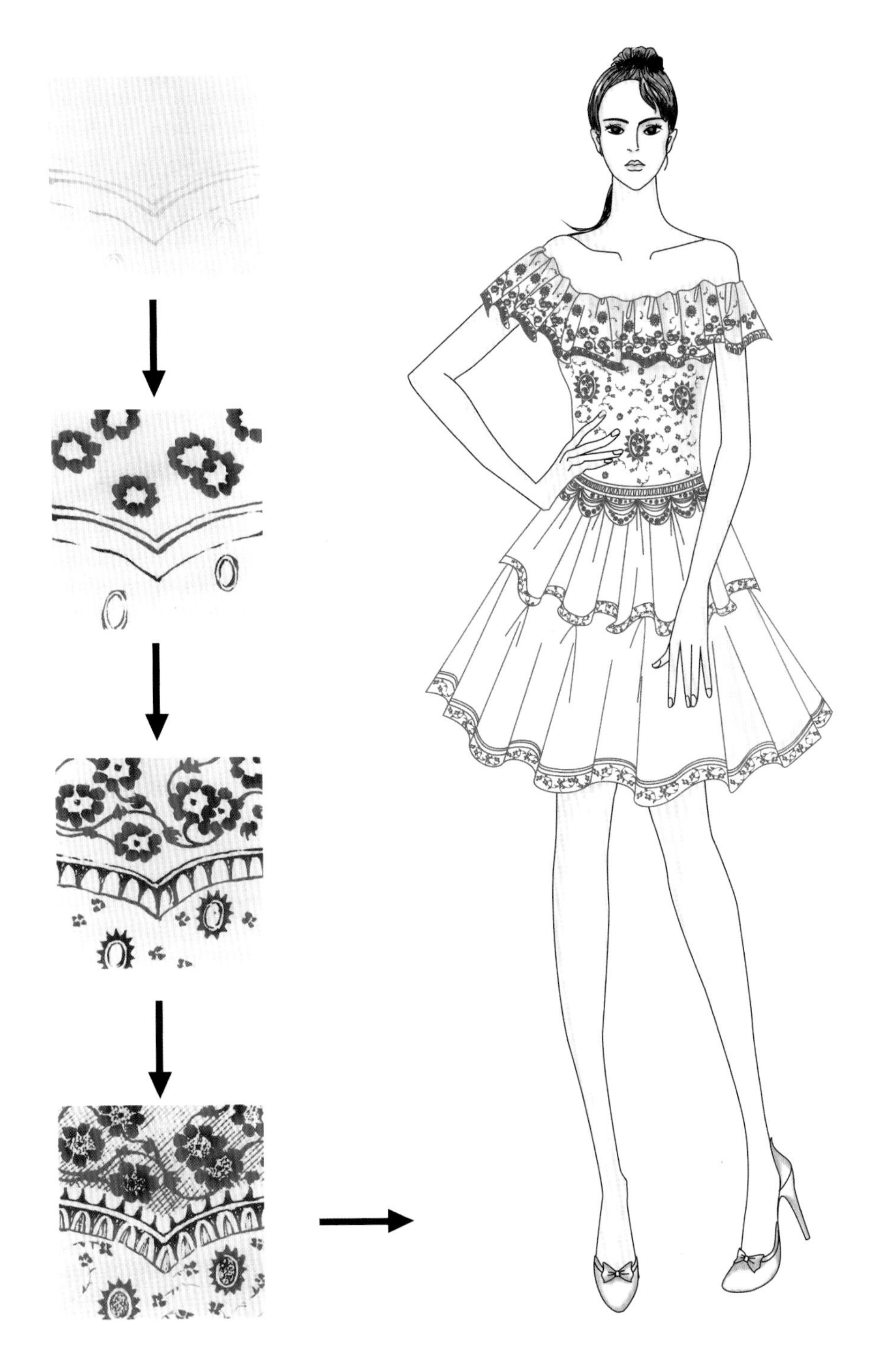

图9-3 蕾丝

4. **薄纱**

薄纱是一种很薄的织物。适用于晚装、裙装或头巾等服饰。面料特点：软纱柔软半透明质地，光泽度较柔和；硬纱质地轻盈却有一定的硬挺度。注意：用水彩渲染更能表现出纱柔和和质感。边缘的细节刻画起着画龙点睛的作用。画硬质纱要区别于质地柔软的纱。

薄纱面料质感表现法（图9-4）：

（1）先用浅色画出薄纱的横向褶皱。

（2）待画干后，再画竖向皱褶。

（3）用较深颜色勾出皱褶线。

（4）用较深于底色的颜色沿纱撇丝，表现纱的肌理效果。

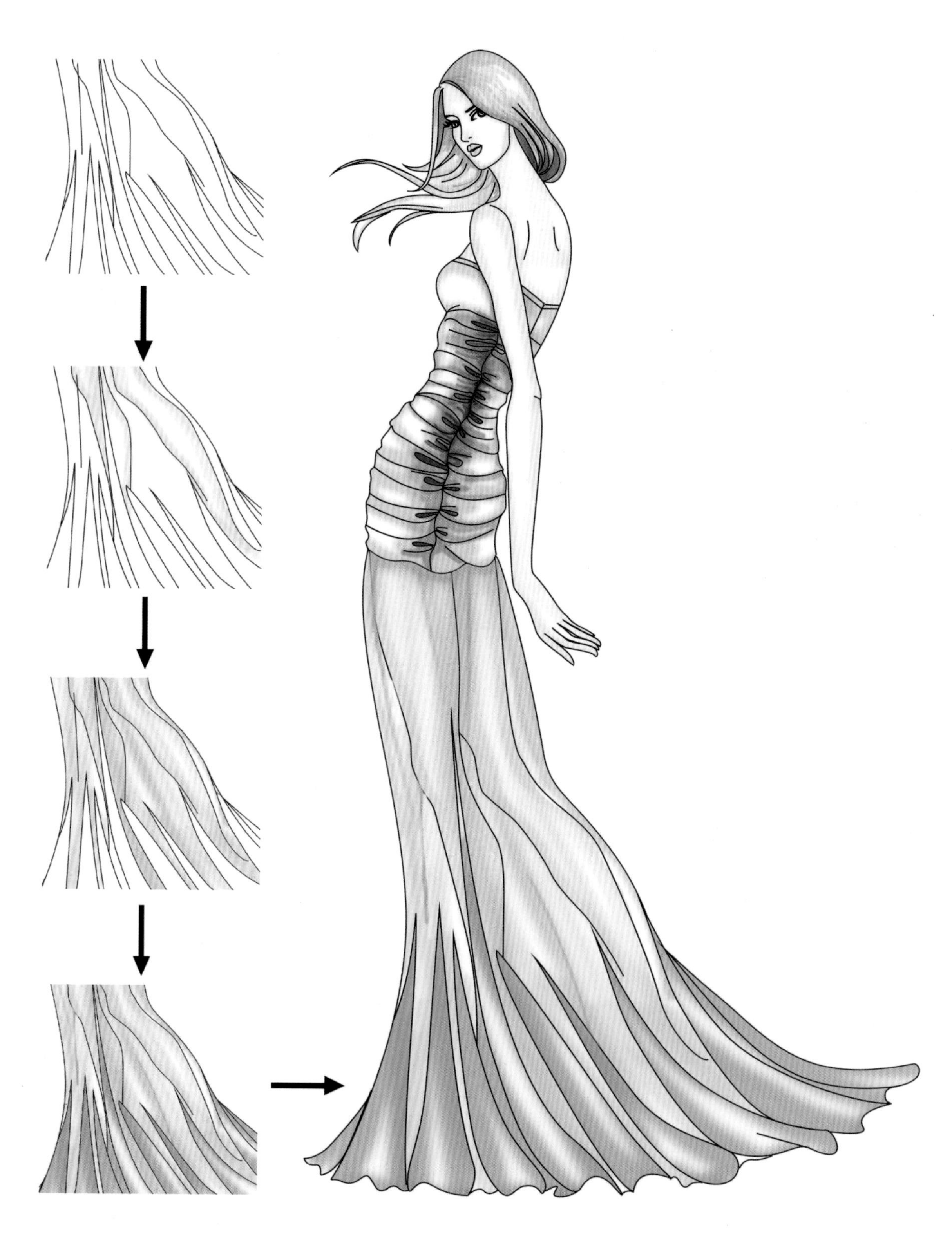

图9-4 薄纱

第二节　棉纺布和呢绒面料质感表现技法

1. **棉纺布**（图9-5）

棉纺面料是把棉纤维加工成为棉纱、棉线，织成的布料。棉织物性能良好，价格低廉，且棉纺工序比较简单。纯棉布料外观精细、平滑、色彩沉稳、面料较挺。适用于做春秋装、套装、西装等。表现棉纺织物时要比较细致地刻画，才能突出其挺括、细腻的特点。

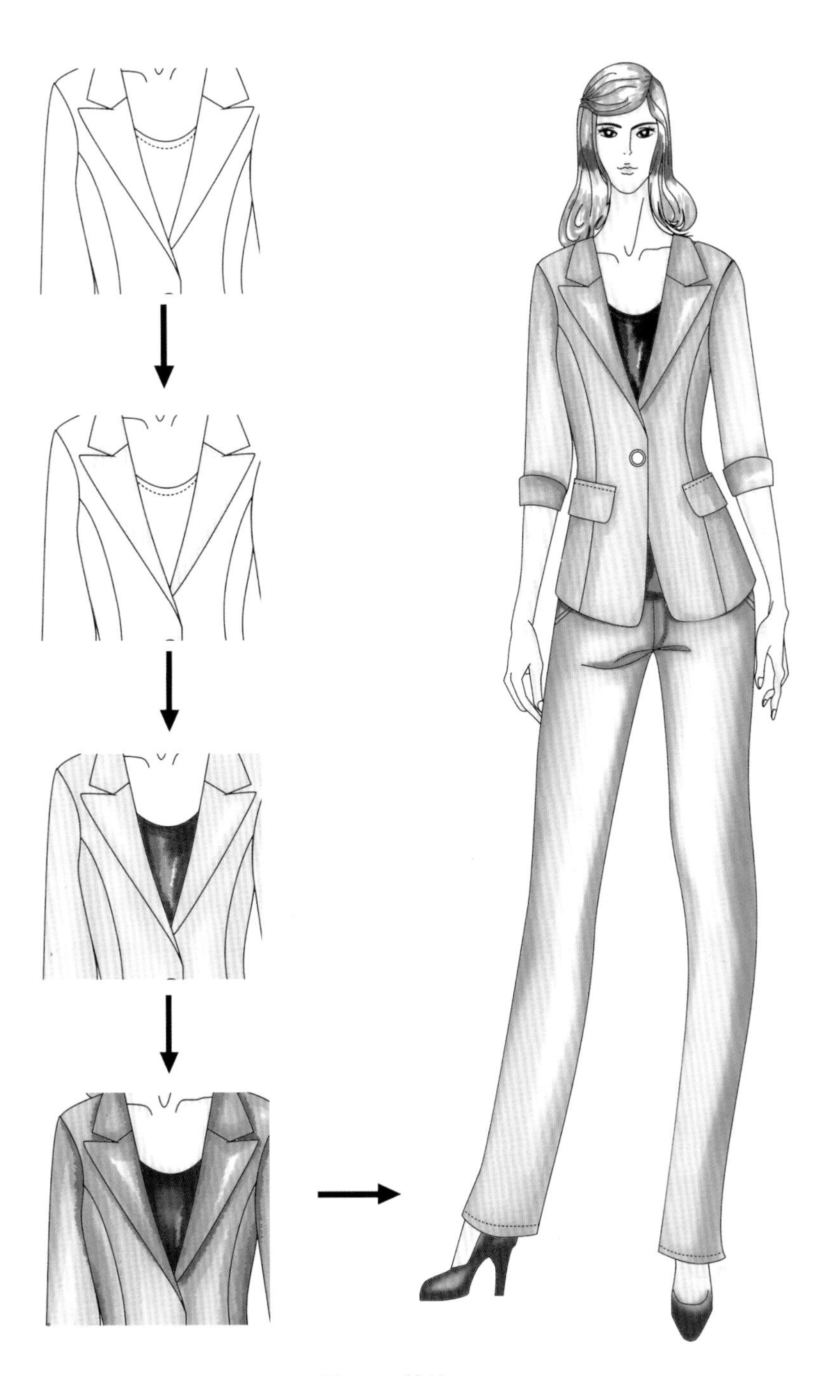

图9-5　棉纺

2. 呢绒（图9-6）

呢绒面料又叫毛料，它是用各类羊毛、羊绒织成的织物的泛称。在强光下观察，呢绒面料表面平坦，色泽均匀，光彩柔和，呢面光洁平整，织纹整齐清晰，适合制作礼服、西装、大衣等高档的服装。它的优点是防皱耐磨，手感柔软，高雅挺括，富有弹性，保暖性强。它的缺点主要是洗涤较为困难，不大适用于制作夏装。

呢绒面料质感表现法：

（1）画出格纹，并相错填充颜色。

（2）依序填充另一种颜色。

（3）错落有致地填充第三种颜色，并用不同的颜色在各色的格子中画斜线，以表现织物的质感。

（4）用断续线画出相交的十字线。

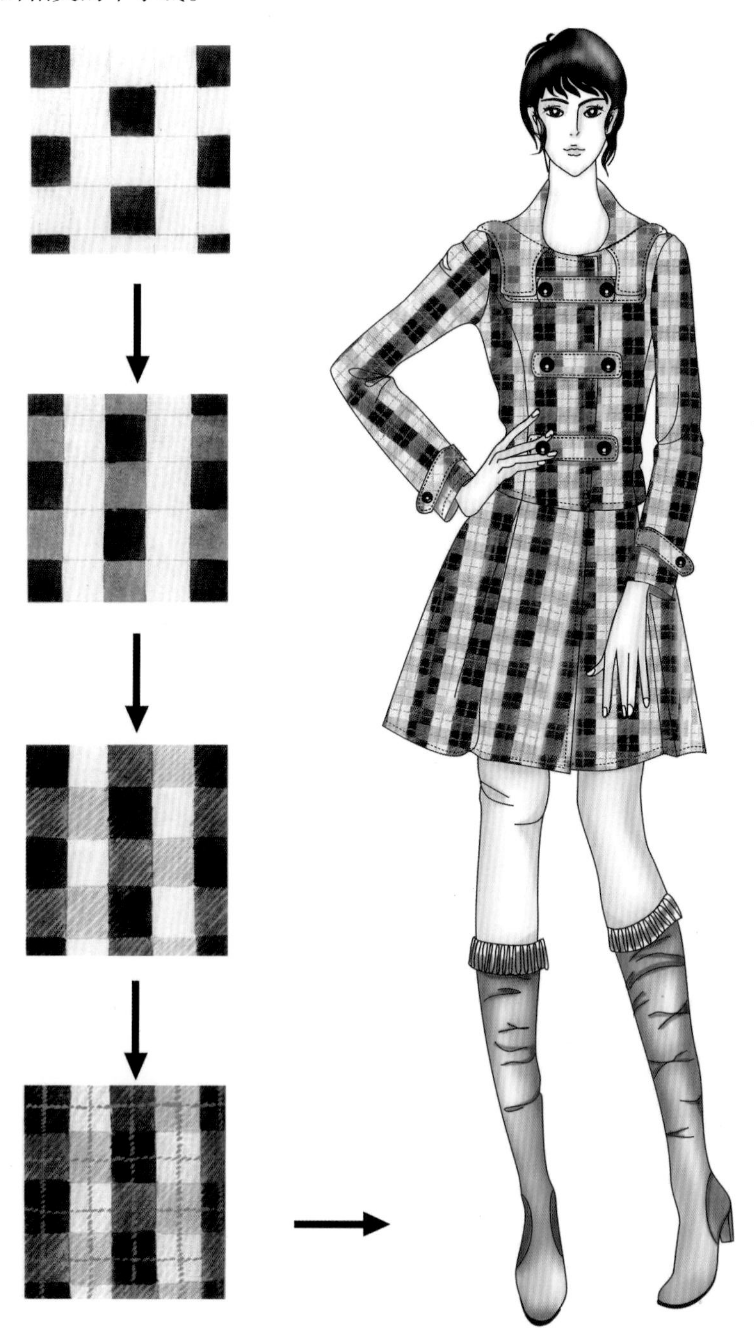

图9-6 呢绒

第三节 针织物和棒针毛衫质感表现技法

1. 针织物

针织物质地松软，除了有良好的抗皱性和透气性外，还具有较大的延伸性和弹性，适宜于做内衣、紧身衣和运动服等。针织物在改变结构和提高尺寸稳定性后，同样可做外衣。针织物可以先织成坯布，经裁剪、缝制后制作成各种针织品；也可以直接织成成形或部分成形产品，如袜子、手套等。按生产方式的不同，分纬编和经编两类。面料特点：伸缩性强，质地柔软，吸水及透气性能好。

针织物质感表现法（图9–7）：

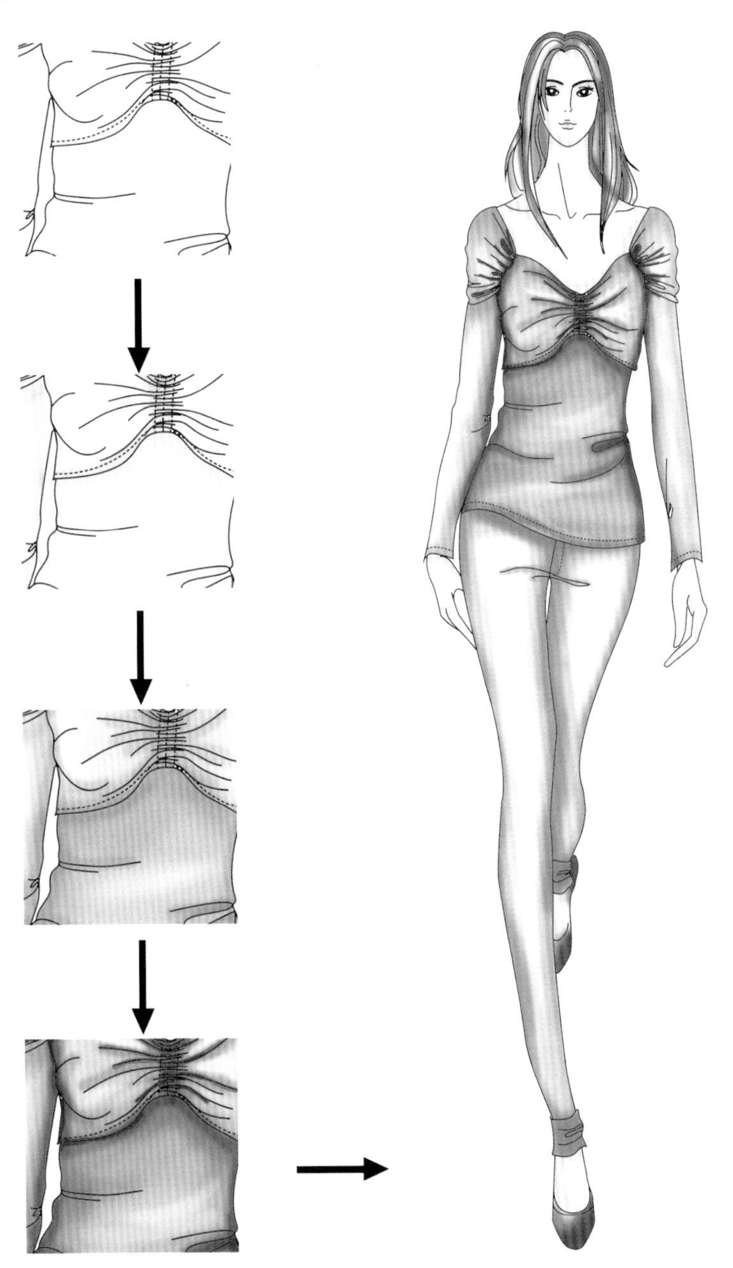

图9–7 针织物

（1）勾勒出要表示的针织物并铺底色。

（2）沿花纹边缘晕出阴影部分。

（3）绘出针织物的明暗关系，强调织物的凹凸感。

（4）用细线勾勒出细节肌理。

2. **棒针毛衫**

棒针毛衫也称毛衣，是用毛线或毛型化纤线编织成的针织服装。

棒针毛衫质感表现法（图9–8）：

（1）淡彩渲染，勾勒出一段棒针织物。

（2）填充织物条纹，用浅色画出明暗关系。

（3）以交叉线的笔法模拟马尾辫花纹，绘出暗部，以突出体积感。

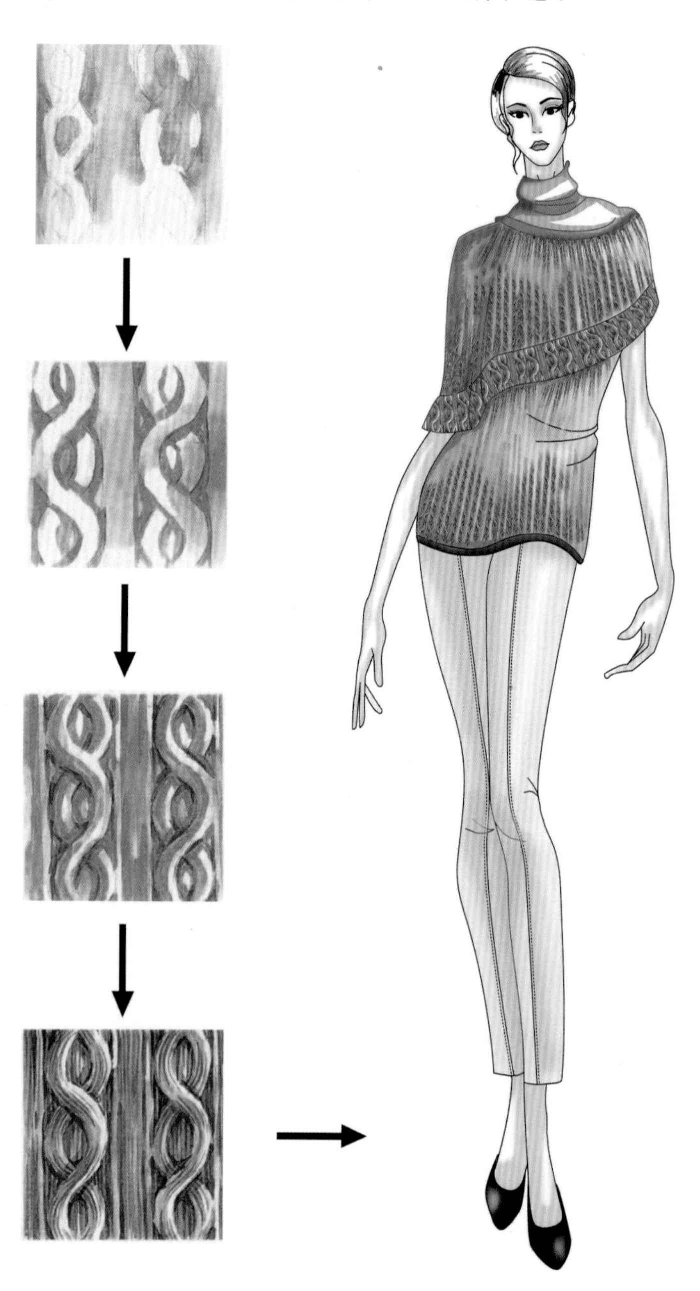

图9–8　棒针毛衫

（4）用细笔勾勒出马尾辫的细节肌理。

第四节　牛仔和皮革面料质感表现技法

1. 牛仔布

牛仔布是一种较粗厚的色织经面斜纹棉布，经纱颜色深，一般为靛蓝色，纬纱颜色浅，一般为浅灰或煮练后的本白纱。缩水率比一般织物小，质地紧密，厚实，色泽鲜艳，织纹清晰，适用于男女式牛仔装。牛仔布是一种粗糙质地的面料，再加上砂洗效果，极具特点。刻画时（图9-9），可先平涂底色，再用深一度的颜色制造砂洗效果，可使用宽水彩笔蘸干色，画出面料的明暗。

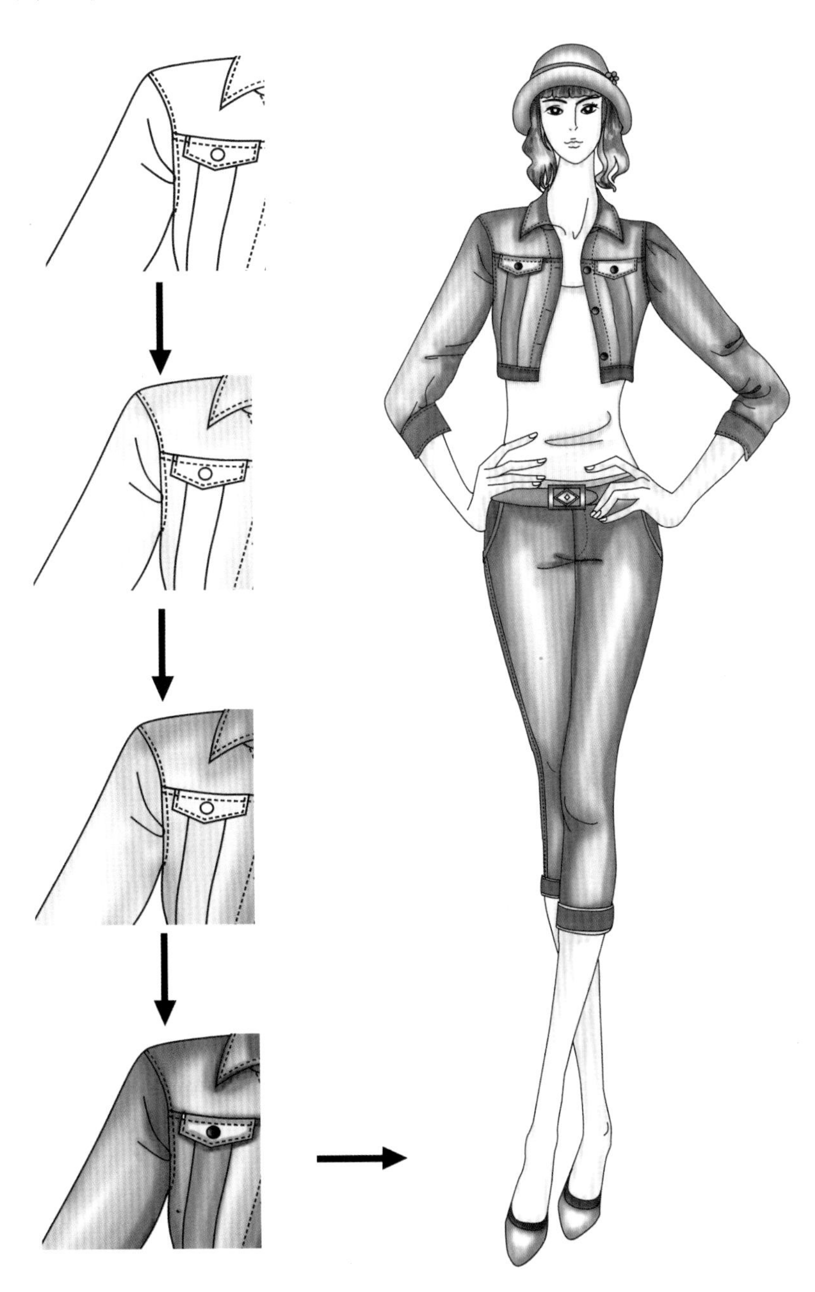

图9-9　牛仔布

2. **皮革**

皮革面料特点，常见的羊皮、牛皮，表面光滑细腻柔软而富有弹性；猪皮皮质粗犷，弹性较差。用水性麦克笔的滑爽及透明的特性来表现皮革很适宜。

皮革面料质感表现法（图9-10）：

（1）用深色画出暗部，边缘部位晕染自然，边界模糊。

（2）进一步用黑色渲染，整理出皱褶的走向。

（3）轻刷透明度较大的蓝色，以润泽的色彩表现其光泽度。

（4）画出环境色反光，并添加细节。

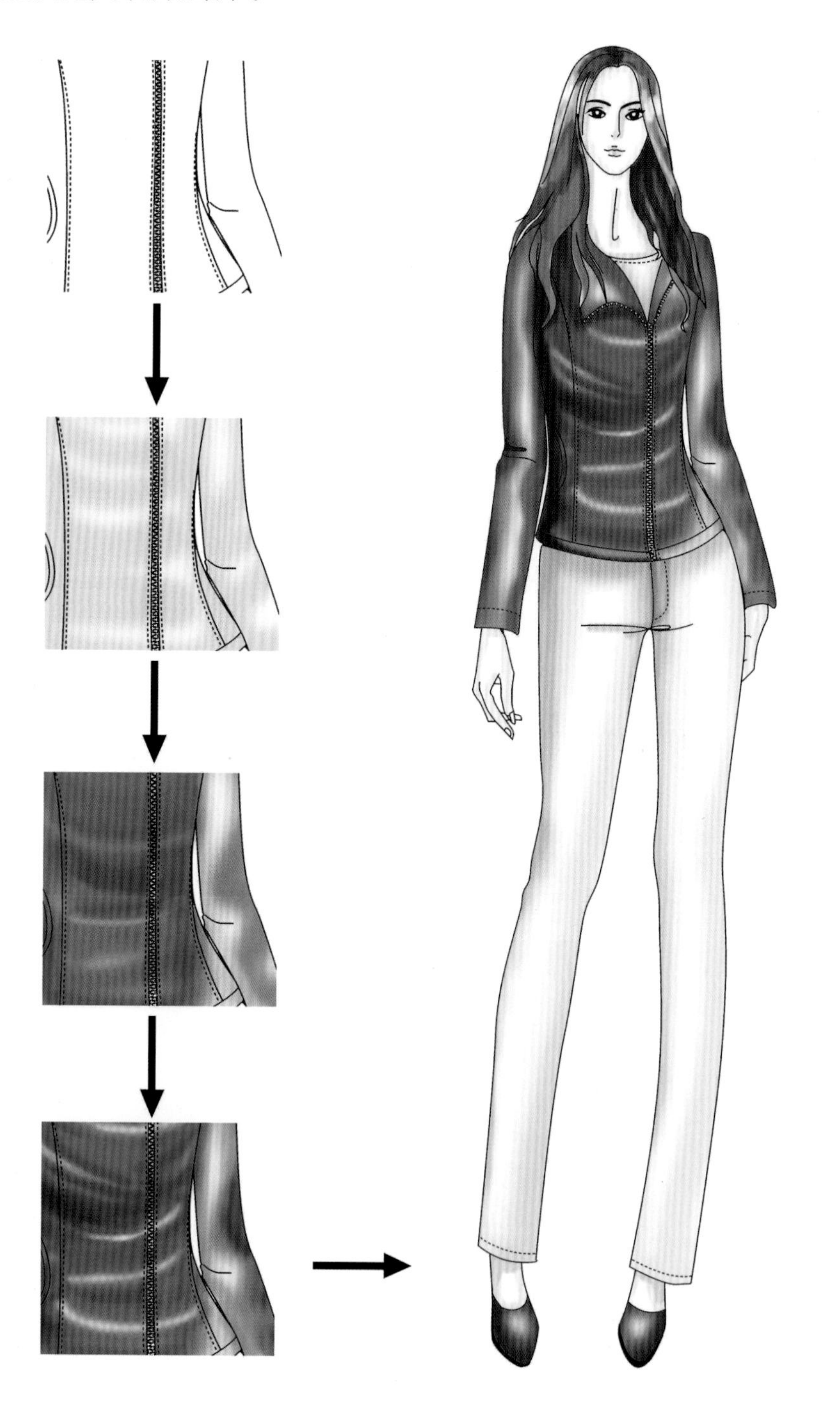

图9-10　皮革

第五节　面料图案表现技法

面料图案表现技法是多种多样的。面料图案是指服装面料上的各种形式的纹样。根据图案的风格，可以分为山水及花鸟图案、动物图案、人物图案、风景图案、几何形图案等类型。面料图案的表现是时装画整体的一部分，对于图案的表现技法，应与时装画的整体风格协调。由于面料的图案是按一定的规律排列，较为复杂，会使我们在表现时装画面料时，出现繁琐和难以控制总体效果。解决这个问题的方法要根据不同的类型或不同的风格，将分布在时装主要部位的面料图案着意刻画，其他部位的图案则可作简单、省略处理。

1. **点的表现法**（图9–11）

图9–11　点的表现法

点的表现法是通过点的聚集或疏散、点的大小、位置等变化来实现的，从而产生一定装饰效果的画面。

点在服装面料图案中应用很多，多见于印花织物。点能表达细腻、丰富、生动的效果。以点纹样可以表达明暗、层次、宾主关系，也可以以点衬托装饰图案的主题。

2. **线的表现法**（图9-12）

线的表现法也普遍应用于服装面料中，线有直线、曲线之分。直线有垂直线、水平线、斜线，曲线有

图9-12 线的表现法

波浪线、弧线，还有粗线、细线、规范和不规范线等。线的作用既可经描绘形态轮廓与结构，又可分隔块面和层次，表现一定的明暗关系，增强画面生动感。线的画法是落笔轻、中间重、收笔轻，整个动作一气呵成，形成两头虚中间实的线。这样画出的线容易衔接，在整个绘制过程中也容易把握整体效果。

3. **格纹的表现法**（图9-13）

格纹有方格纹、人字格纹、菱形格纹、三角格纹等多种形式。格纹在皱感的面料上极具肌理表现力，

图9-13　格纹的表现法

带来柔和淡雅的艺术装饰效果。将知性女人的气质演绎得淋漓尽致，打造休闲自然的时尚状态。满足不同的穿衣风格需求。

4. **印花的表现法**（图9-14）

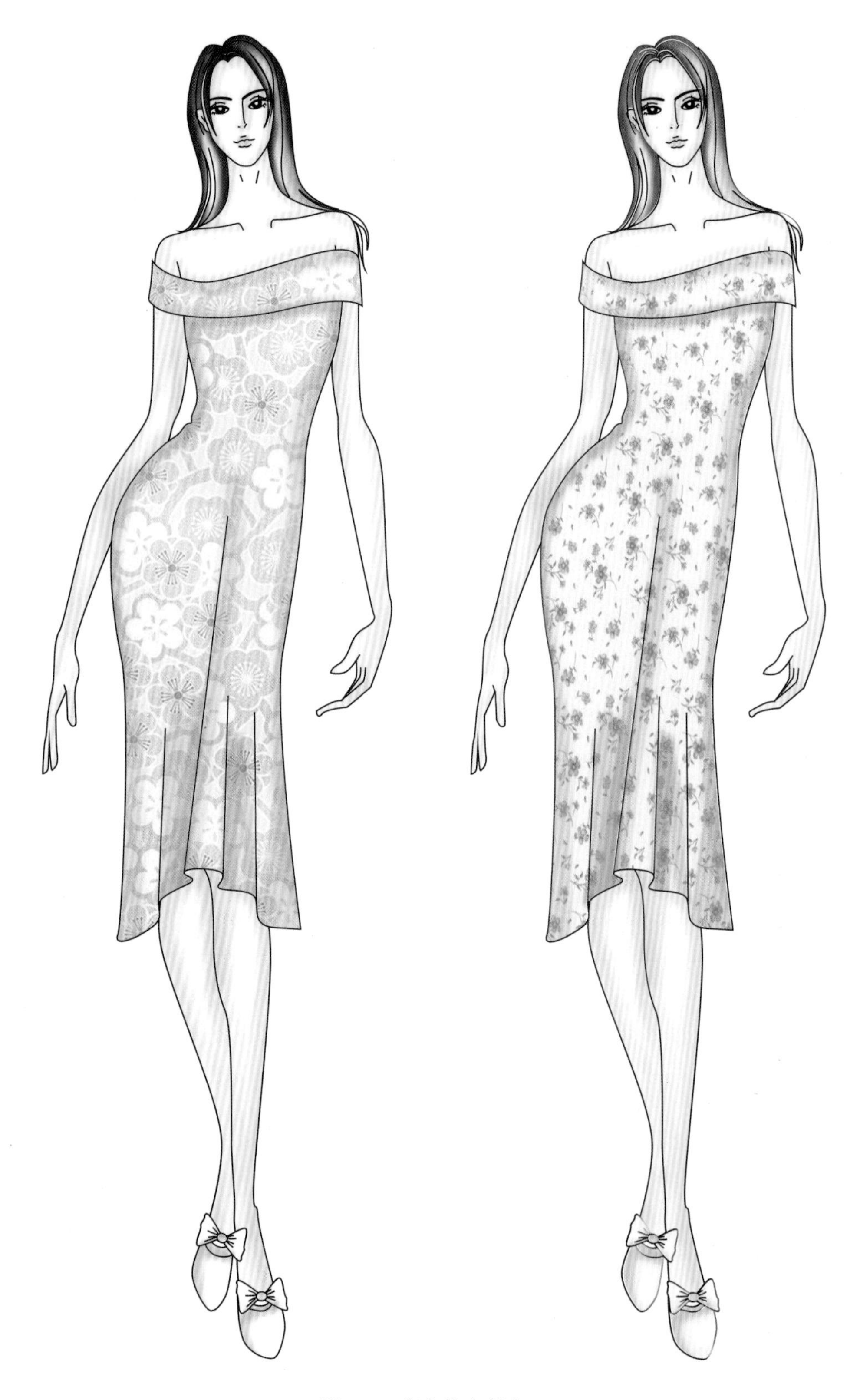

图9-14 印花的表现法

印花的绘制方法有两大类：一是涂底留花法，就是先用铅笔定出花样位置，然后用尖毛笔一个接一个地涂周围的底色，花色就是纸色；二是画花留底法，就是用毛笔画出花的形象，而不去画底色。印花为人们带来了缤纷多彩的服装和各种印花面料，不断地为人们生活增添丰富色彩。

思考与练习题

1. 画5款雪纺面料服装画。
2. 画5款丝绸面料服装画。
3. 画5款棉纺面料服装画。
4. 画5款呢绒面料服装画。
5. 画5款针织面料服装画。
6. 画5款牛仔布服装画。
7. 画5款皮革面料服装画。
8. 画30款面料图案。

应用理论——

服装效果图表现技法

课题名称： 服装效果图表现技法

课题内容： 服装效果图着色步骤
彩色铅笔写实法
水粉着色法
麦克笔表现法
素描表现法
人体模型套用法
其他常用表现法

课题时间： 21课时

训练目的： 掌握服装效果图着色设计步骤、彩色铅笔写实法、水粉着色法、麦克笔表现法、素描表现法、人体模型套用法、有色纸表现法、色粉笔表现法、油画棒表现法、剪贴表现法等知识技能。

教学方式： 讲授法、举例法、示范法、启发式教学、现场实训教学相结合。

教学要求： 1. 掌握服装效果图着色设计步骤。
2. 掌握彩色铅笔写实法。
3. 掌握水粉着色法。
4. 掌握麦克笔表现法。
5. 掌握素描表现法。
6. 掌握人体模型套用法。
7. 掌握有色纸表现法。
8. 掌握色粉笔表现法。
9. 掌握油画棒表现法。
10. 掌握剪贴表现法。

第十章 服装效果图表现技法

从事服装设计工作必须熟练地掌握服装效果图的画法，服装效果图是表现服装设计意念的重要手段。服装效果图应该能反映服装的风格、魅力与特征。

一般来说，服装的质地和衣纹的类型取决于纺织品的种类，如毛料服装皱纹少，比较挺阔，毛呢大衣显得很厚重，有悬垂感，肘部弯曲时衣纹简练，而且粗大，棉料服装褶皱多，而且细碎，无规则；丝绸服装比较柔软，褶纹较多而长，褶线多呈弧形显得轻飘。毛料服装的表现方法：用高温烫笔的平面，按素描法一笔笔烘烫出均匀的重色调。如果用线描法，笔要刚劲挺直，轮廓线粗壮，少勾衣褶，能表现出基本结构就行。丝绸服装的表现技法：用较低温度的烫笔按素描法烘烫，色调要淡而柔和表现出丝绸的光感。线描法多用曲线画。丝绸等较薄的服装则能非常明显地体现出人体的细部结构和动态，如果对人体的结构了解得深刻，可以有意识地强调衣纹变化。透过衣服可以看到人体结构和动态变化，更能显出丝绸的质感。

衣纹是由于人体的结构和动态变化而产生的，如肋下、肘部、腰膝及衣服下摆等地方的褶纹不但多，而且有规律的反复出现。掌握了它们的规律，不管衣纹如何变化都可以准确地把它们画出来。在绘制中，偶然出现的衣纹或小底纹可以把它们舍弃；应该出现的衣纹，但又不太明显，就要把这些衣纹强调出来，经过加工整理，来体现出服装的质感和肢体的动态。

第一节 服装效果图着色步骤

服装效果图的着色，通常分为手绘和计算机辅助设计两种方式。

手绘一直受到服装设计师们的青睐与追捧。手绘的表现过程就是刻画形象、塑造风格的思维过程。手绘根据表现工具可分为：彩色铅笔写实法、水粉平涂法、麦克笔表现法、人体模型套用法、有色纸与剪贴表现法等。计算机辅助设计主要是通用CoreIDRAW、Photoshop、Illustrator及专业服装设计软件进行着色。

本节针对手绘着色步骤进行讲解。

手绘表现工具根据各人喜好不同，以及其自身性能的差异受到服装设计师的喜爱。麦克笔是一种快速、简洁的渲染工具。因其色彩明快、使用方便、保持颜色不变等优点，受到服装设计师的偏爱和广泛使用。

服装效果图着色步骤如下：

1. **画人体着装线稿图**（图10–1）

好的线稿图是画好色稿图的前提和基础。线稿图的好坏直接关系到画面最后的效果，拥有一幅好的线稿图是效果图成功的70%。用彩色铅笔或钢笔把骨线勾勒出来，勾骨线的时候要放得开，不要拘谨，允许出现小错误，因为麦克笔可以帮你盖掉一些出现的错误。

2. **人体皮肤着色图**（图10–2）

选择接近人体肤色颜色的麦克笔，采用明暗表现手法画出人体肤色。

3. 服装主色着色效果图（图10-3）

选择适合服装主色的颜色，运用麦克笔采用明暗表现手法画出服装主色。

4. 服装整体着色效果图（图10-4）

服装整体着色最好是临摹实际的颜色，以达到接近成衣实物的色彩。麦克笔没有的颜色可以用彩色铅笔补充，也可用彩铅来缓和笔触的跳跃，不过还是提倡强调笔触。

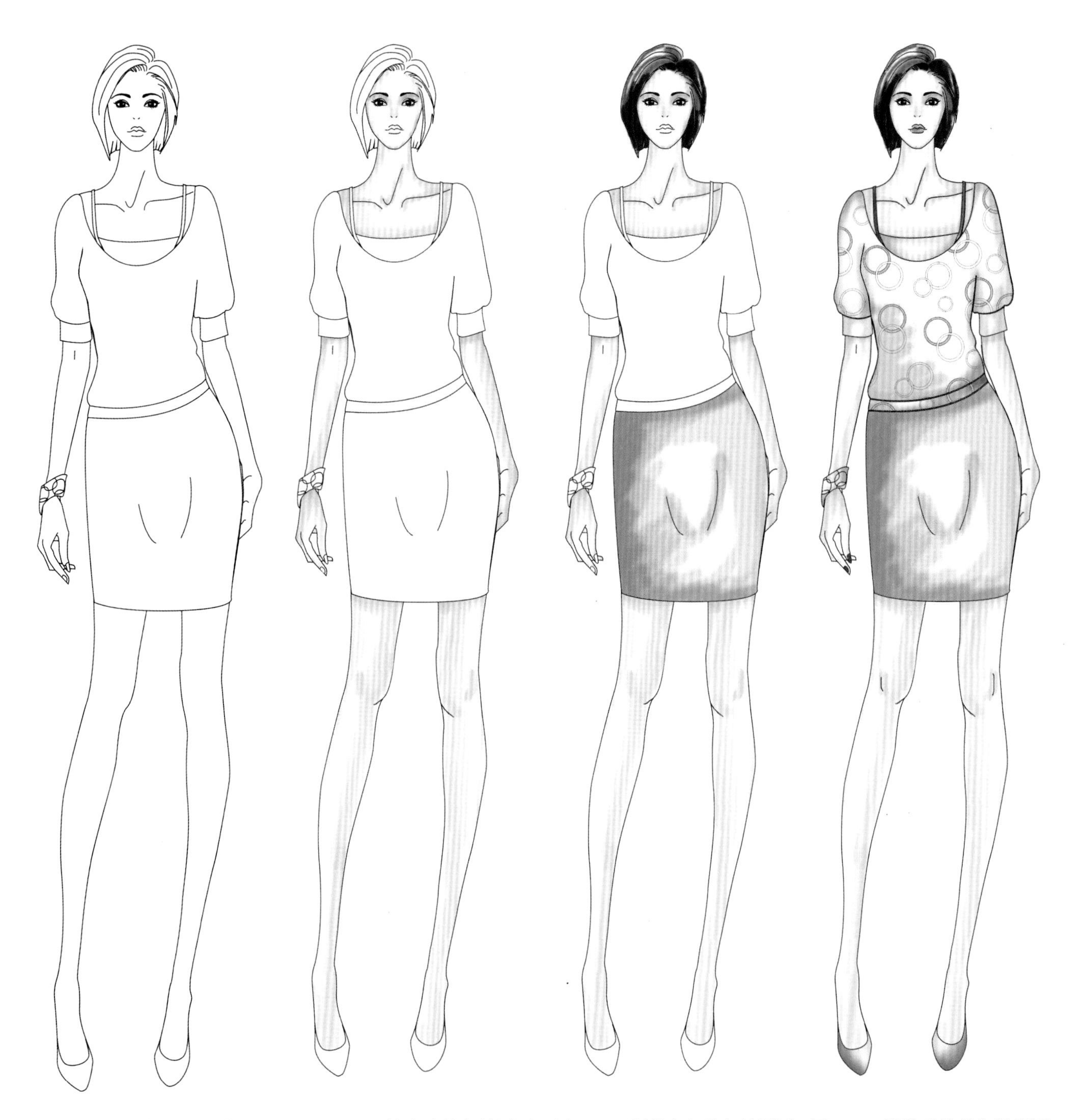

图10-1 人体着装线稿图　图10-2 人体皮肤着色效果图　图10-3 服装主色着色效果图　图10-4 服装整体着色效果图

第二节　彩色铅笔写实法

彩色铅笔写实法，是一种以彩色铅笔为作画工具的表现形式，其特点是简单易学。利用彩色铅笔颜色的多样性，进行细腻、柔和的设计。生动表现出服装款式特征、服饰图案、色彩效果、面料质感。运用彩色铅笔着色既方便又快捷，方便刻画实用功能性强的服装效果图（图10-5 ~ 图10-11）。

图10-5　彩色铅笔写实法效果图

图10-6 彩色铅笔写实法效果图

图10-7 彩色铅笔写实法效果图

图10-8　彩色铅笔写实法效果图

图10-9　彩色铅笔写实法效果图

图10-10　彩色铅笔写实法效果图

图10-11　彩色铅笔写实法效果图

第三节　水粉着色法

水粉具有色彩变化丰富的特点。不足之处是水分的多少和笔触对初学者来说难以把握。在练好彩色铅笔表现技法的基础之上，学习水粉着色法就容易多了。

水粉着色的方法有：

1. **写实法**

写实法常用于服装广告、欣赏类服装画。写实法易获得装饰性效果，可根据需要适当留飞白，可产生

图10-12　水粉平涂着色效果

一种光感。色块上还可以叠加如点、线等的装饰，增强装饰性。

2. **平涂法**

平涂法简单易学，可先着色后勾线，也可以勾线后着色。采用平涂法时，要处理好色块之间关系和色彩对比协调（图10-12～图10-20）。平涂法是平涂与线结合的一种方法，即在色块的外围，用线进行勾勒，组成形象，这是勾线平涂最常用的方法。勾线的工具可以多种多样，勾线的色彩亦可根据需要随之变化。无线平涂是利用色块之间的关系（明度关系、色相关系、纯度关系）产生一种整体的形象感，并不依靠线组成形象。

图10-13 水粉平涂着色效果

图10-14 水粉平涂着色效果

图10-15 水粉平涂着色效果

图10-16　水粉平涂着色效果

图10-17　水粉平涂着色效果

图10-18 水粉平涂着色效果

图10-19 水粉平涂着色效果

图10-20 水粉平涂着色效果

第四节　麦克笔表现法

麦克笔表现法是服装设计师用得最多的方法之一。其特点是快干、色彩艳丽、不必调色。在着色时，如果在画面留出适当的白色，会更加生动。勾线应注意人物造型结构，线条保持顺畅，粗细有变化。用麦克笔平涂的方法表现服装效果图，着色方便，色彩鲜艳。具有较好的装饰效果（图10–21 ~ 图10–27）。

图10–21　麦克笔表现法效果

图10-22 麦克笔表现法效果

图10-23 麦克笔表现法效果

图10-24　麦克笔表现法效果

图10-25　麦克笔表现法效果

图10-26　麦克笔表现法效果

图10-27　麦克笔表现法效果

第五节　素描表现法

素描的表现技法可谓千变万化，然而均离不开线条、色调这两个基本表现语言。

1. 线条

运用富有变化与具有空间意义的线条，利用它的走向、长短、粗细、浓淡虚实等以及它们之间的组合关系，表现物体的形体结构、透视关系、空间关系及其质量感，同时能够表达作者的个性和对形象的独特感受。线条是极具说服力的绘画语言。它具有丰富的表现力和形式美感。

线条包括：

（1）形体外轮廓部位透视面视觉上的缩减所形成的细窄的边缘线（轮廓线）。

（2）形体由于面与面之间的交接与联合产生的转折线（结构线）。

（3）用以组织调子、表现体、面的排线。应用浓淡、虚实的线条正确地表现形体的轮廓线与结构线，明确它们穿插与衔接，能够确定物象形体的主要特征与空间关系。运用生动多变的排线可以表现形体的体、面转折，肌理质感，光影色调及空间深度。

2. 明暗色调

明暗色调是素描基本的表现手法之一，是表现物象立体感、空间感的有效方法，能够真实地表现对象。明暗素描适宜于立体地表现光线照射下物象的形体结构，不同的质感、色度及物象的空间距离感等，使画面形象具有较强的直觉效果。

明暗色调是指物体对光照量的不同反射而形成的不同明度，并由此产生的色度上的层次变化。实际上，明暗是形体本质特征在一定光照下的特定表现。因此，正确描绘画面的明暗色调关系，能够正确地表现形体体、面的起伏，形体的空间关系，体现物体的形体结构，从而在平面上创造富有立体感的视觉形象。在素描中，观察与刻画明暗色调的目的是为了分析与表现处于特定光照下物体的形体本质特征，体现物体的结构、体面、空间、色调与质感等。

素描表现力强，既可使用变化多端的线条表现出丰富的黑、白、灰层次，又能深入刻画人物形象，表现服装款式结构特征、面料质感（图10-28～图10-35）。

图10-28 素描表现法效果

图10-29 素描表现法效果

图10-30　素描表现法效果

图10-31　素描表现法效果

图10-32 素描表现法效果

图10-33 素描表现法效果

图10-34　素描表现法效果

图10-35　素描表现法效果

第六节　人体模型套用法

对于初学者或在服装企业大量画款式图的设计师来说，人体模型套用法是一种快捷方便的方法。如图10–36所示，首先利用手绘或计算机辅助设计软件绘制好一个人体模型。手绘的人体模型需要用纸板描绘后剪下来，下次做画时，只需要把人体模型放在稿纸上沿人体模型外缘将人体描绘出来，取下人体模型纸板，即可进行服装款式创作了（图10–37）。借助计算机辅助设计软件绘制的人体模型，仅需复制、粘贴就可以在人体模型上进行服装款式设计了（图10–38）。

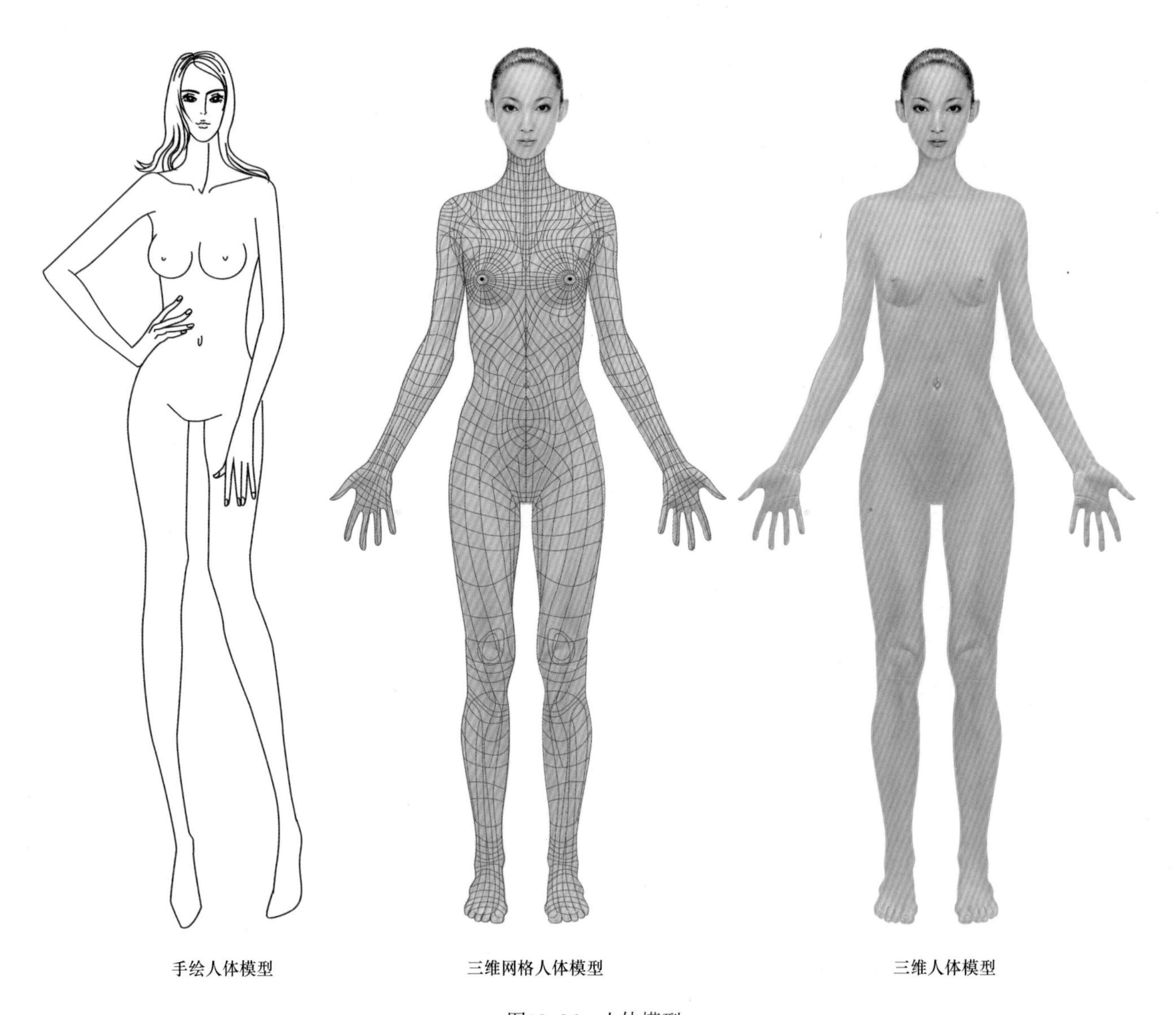

图10–36　人体模型
（注明：三维人体由深圳市广德教育科技有限公司开发的三维可视仿真服装设计软件绘制。）

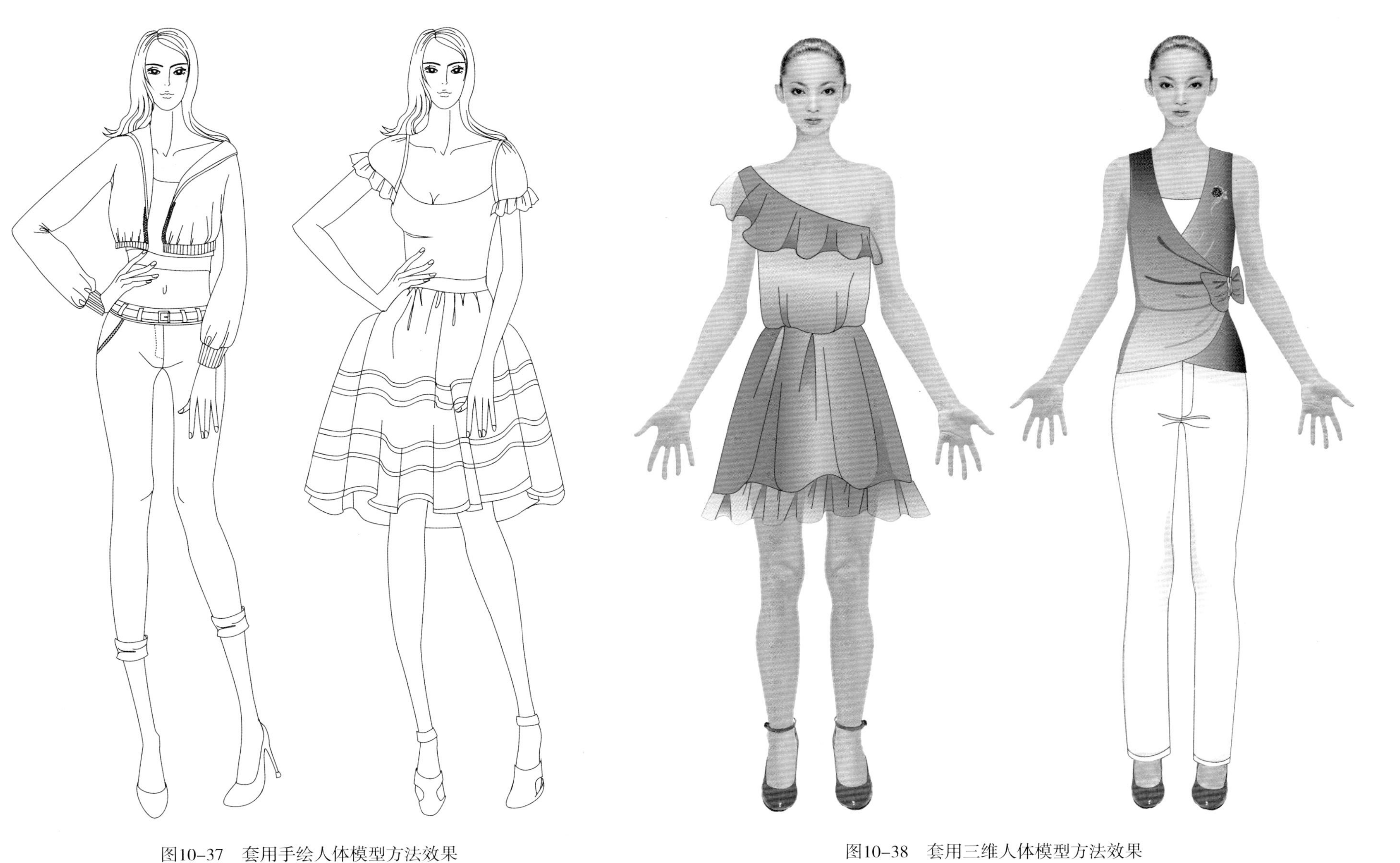

图10-37　套用手绘人体模型方法效果

图10-38　套用三维人体模型方法效果

第七节　其他常见表现法

1. **有色纸表现法**

有色纸表现法是利用有色纸作画，特点是可以省去大面积的服装着色、人体皮肤着色、背景着色等。有时只需在人物受光部位或背光部位稍作加工处理即可，同样能达到画面与色彩协调统一效果。利用有色纸的凹凸底纹和干笔画法，留出时隐时现的底色，能表现出面料的自然感觉（图10–39）。

2. **剪贴表现法**

剪贴表现法是根据设计的需要和画面效果，将彩纸、报纸、布料、画报剪贴成需要的形态。组成服装图案，模特和画面背景均可以手绘，剪贴部分也可以用手绘后，然后将剪贴的部位粘贴上去，这样可以增加层次感和统一色调，使画面显得更加有装饰效果（图10–40）。

图10–39　有色纸表现法

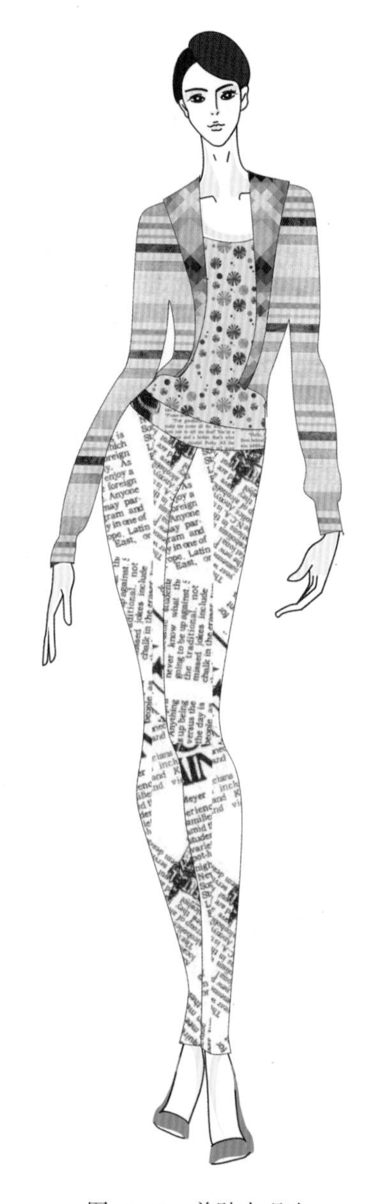

图10–40　剪贴表现法

3. 色粉笔表现法

色粉笔具有覆盖力强的特点，结合水彩或水粉可以对画面作进一步的处理设计。色粉笔还可以深入细致地表现人物形象、服装面料质感。色粉笔表现法适合装饰性服装画、服装广告画、服装漫画（图10–41）。

4. 油画棒表现法

油画棒是指带有油性的色棒，色彩丰富，色种多达几十种，覆盖力强。油画棒适合用来表现质地粗糙的面料，与水粉或水彩结合起来使用能表现出特殊的质感效果，具有强烈的色彩视觉冲击力（图10–42）。

图10–41　色粉笔表现法

图10–42　油画棒表现法

思考与练习题

1. 简述服装效果图着色设计步骤有哪些?
2. 利用彩色铅笔写实法画10款服装。
3. 利用水粉着色法画10款服装。
4. 利用麦克笔表现法画10款服装。
5. 利用素描表现法画10款服装。
6. 利用人体模型套用法画10款服装。
7. 利用有色纸表现法画3款服装。
8. 利用色粉笔表现法画3款服装。
9. 利用油画棒表现法画3款服装。
10. 利用剪贴表现法画3款服装。

实践课程——

系列设计表现技法

课题名称： 系列设计表现技法

课题内容： 女装系列设计表现法
男装系列设计表现法
童装系列设计表现法
内衣系列设计表现法

课题时间： 8课时

训练目的： 掌握女装延伸设计表现法、男装延伸设计表现法、童装延伸设计表现法、内衣延伸设计表现法等知识技能。

教学方式： 讲授法、举例法、示范法、启发式教学、现场实训教学相结合。

教学要求： 1. 掌握女装延伸设计表现法。
2. 掌握男装延伸设计表现法。
3. 掌握童装延伸设计表现法。
4. 掌握内衣延伸设计表现法。

第十一章　系列设计表现技法

系列是表达一类产品中具有相同或相似的元素，并以一定的次序和内部关联性构成的产品或作品的形式。系列服装是指一组既相互联系又相互制约的成组配套的服装群体。系列服装中的联系是以群体中的单套服装具有共同要素的形式出现的。同时，每套服装又富于鲜明的个性特征。单套服装之间又具有一定的制约关系。因此，也就显示了系列服装的基本特征即数量、共性和个性。这既是系列服装构成的特性，也是系列服装系列感形成的基本要素。

系列服装的可延伸性设计是指系列服装在设计构思上具有可以延续发展的性质。一般说来，系列服装的构成最少是三套服装以上，多则不限。同时，这三套以上的服装又必须具有一定的共性和个性。系列服装共性的形成是在该套服装所共有的内在精神、主题、设计思想、统一情调和艺术风格。

第一节　女装系列设计表现法

服装是款式、色彩、材料的组合体，这三者之间的协调组合是一个综合关系。在进行两套以上服装设计时，用款式、色彩、材料去贯穿不同的设计，每一套服装中在三者之间寻找某种关联性，这就是服装系列设计。在具体的女装构成中，共性的体现是借助于相同或相似的面料、造型、装饰、图案、色彩、工艺手段、表现手法、配饰品等。这些因素造成一些可识别的共性，从而产生视觉接受心理上的连续感和系列感。系列女装在注重共性的同时，也十分强调个性，即单套女装的独特性。单套女装个性的形成是体现在单套女装构成的各个方面，如在款式、造型、面料、色彩、工艺处理上等。女装系列设计表现技法见详图11–1～图11–3。

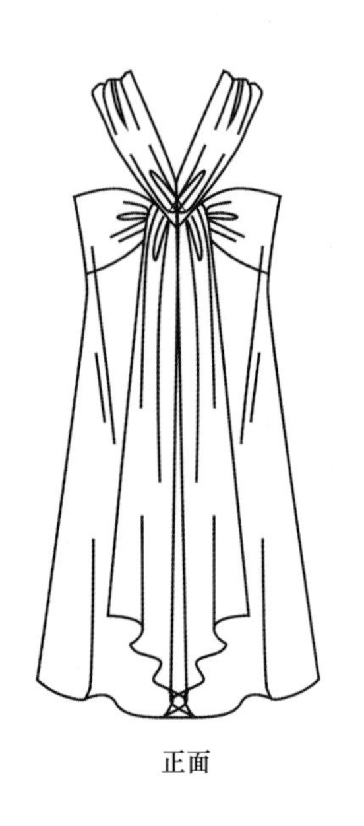
正面

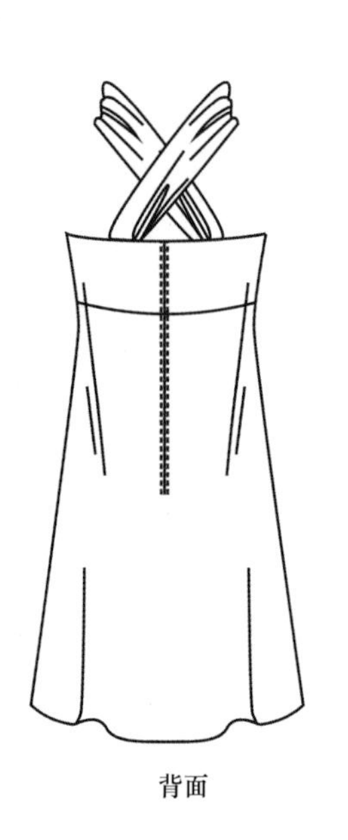
背面

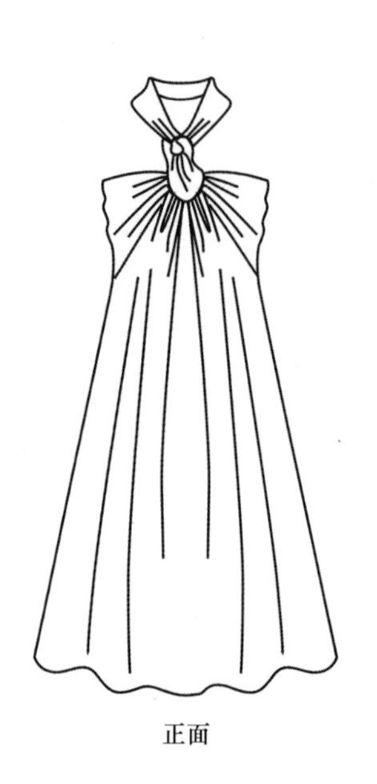
正面

背面

图11-1　连衣裙系列设计

正面　背面　正面　背面

图11-2

图11-2 女装大衣系列设计

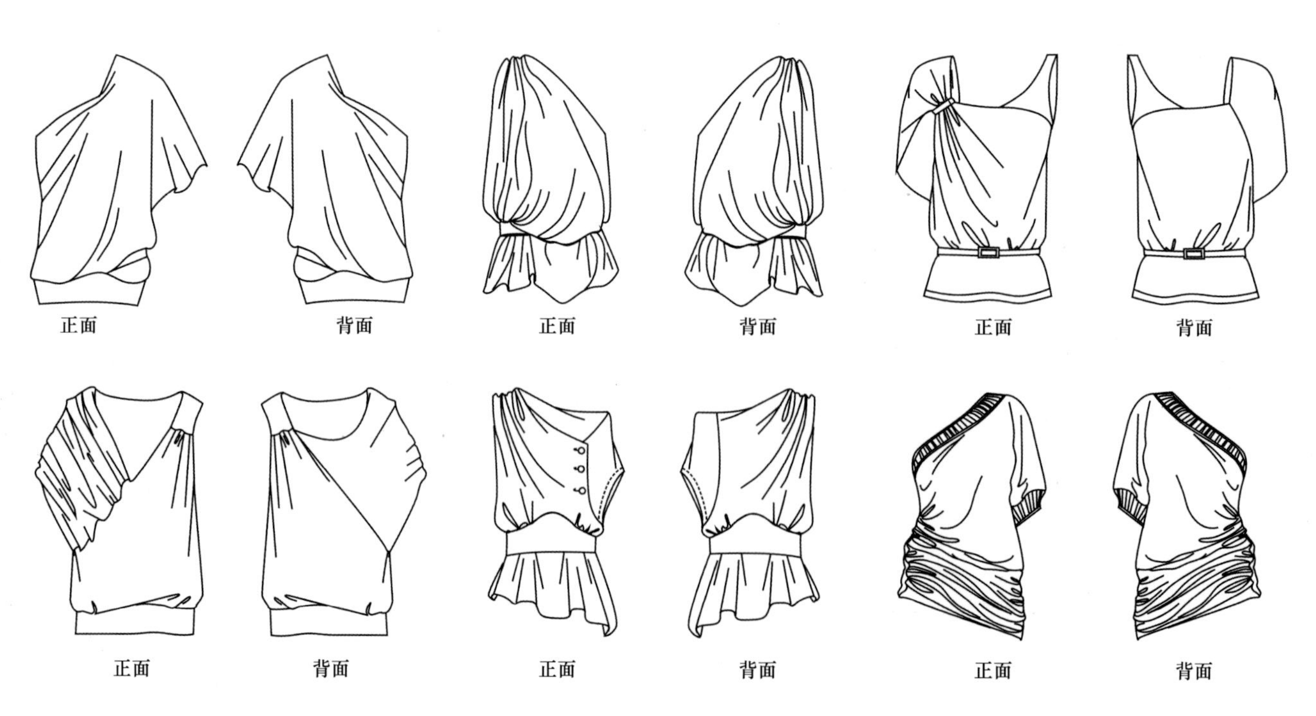

图11-3 时尚女衫系列设计

第二节 男装系列设计表现法

系列男装设计是男装系列化设计的服装产品。在系列设计中，单套服装与多套服装中，必定有着某种延伸、扩展的元素，有着形成鲜明系列产品的动因关系。因此，男装系列设计的基本要求是，每一系列的服装应能在多元素组合中表现出次序性和和谐的美感特征。男装系列设计详见图11-4、图11-5。

图11-4 男夹克系列设计

图11-5 男T恤系列设计

第三节 童装系列设计表现法

童装系列设计主要是造型变化和色彩搭配贯穿于整体系列，每一件童装都有其特色，但组合在一起同属于一种风格之中，给人的感觉是时尚、完整。童装设计师在不同的主题设计中，从色彩、面料、款式、构思等方面系统、紧凑地展示出一个系列童装的多层内涵，充分表达了设计主题、设计风格和设计理念。童装系列设计详见图11–6、图11–7。

图11–6　童裙系列设计

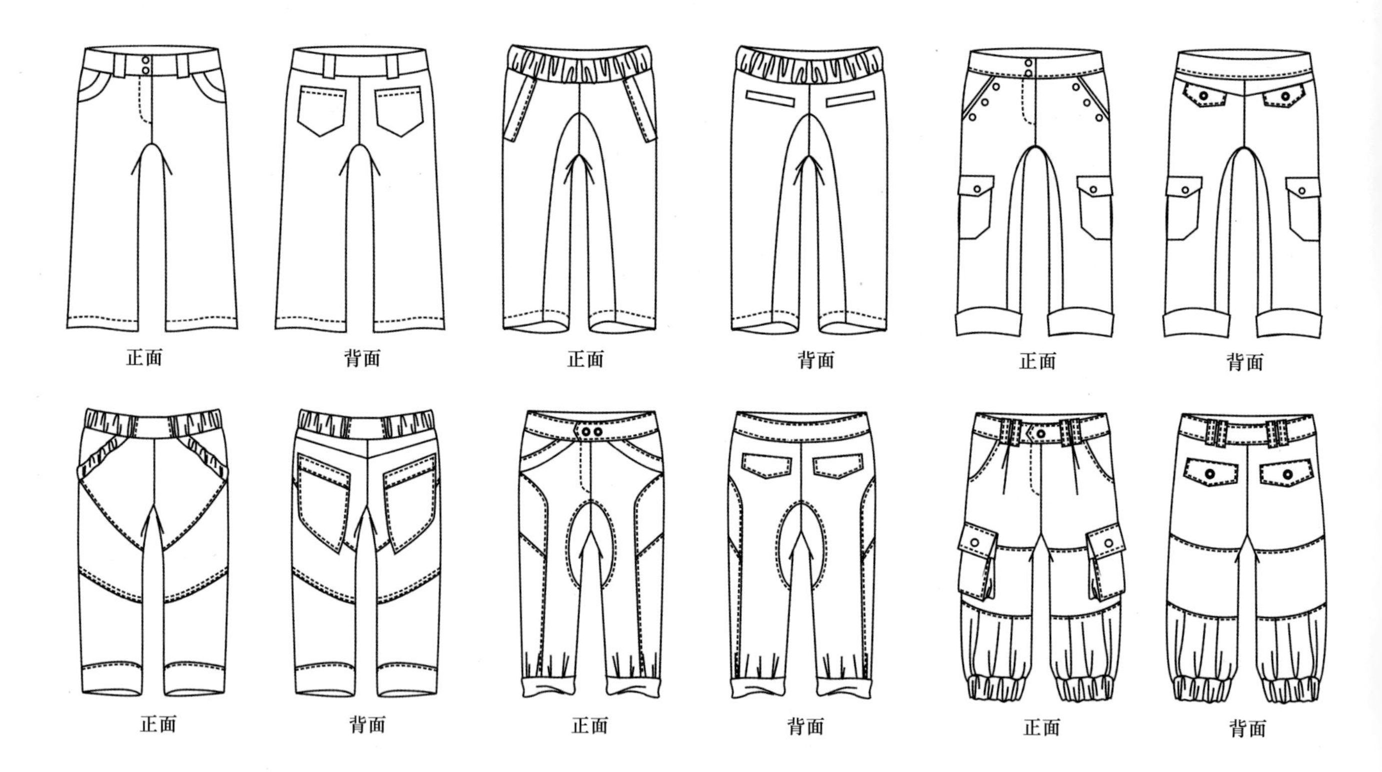

图11-7 童裤系列设计

第四节 内衣系列设计表现法

内衣的系列化设计是将单套的内衣设计组成一组完整的系统组合，内衣系列设计要体现整体造型、细节、面料色彩、辅料特征、结构形态、穿着方式、图案纹样、装饰工艺等，单个或多个在系列中反复出现，促使系列具有整体感。内衣的系列设计在统一、变化规律的应用方面，被赋予了更大范围的统一和更大范围的变化。为了使统一、变化在系列的内部完美结合，通常表现出系列的完整统一和单体的局部变化。依据统一、变化的规律来协调好各个要素产生的以统一为主旋律的内衣系列或以变化为基调的内衣系列。内衣系列延伸设计详见图11-8、图11-9。

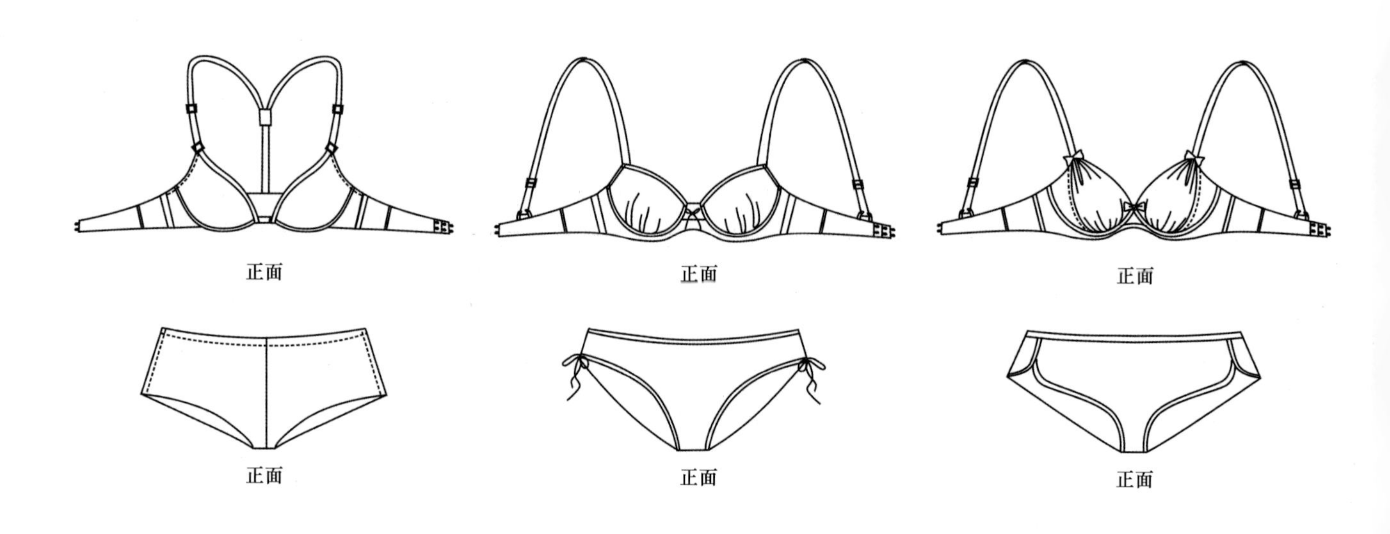

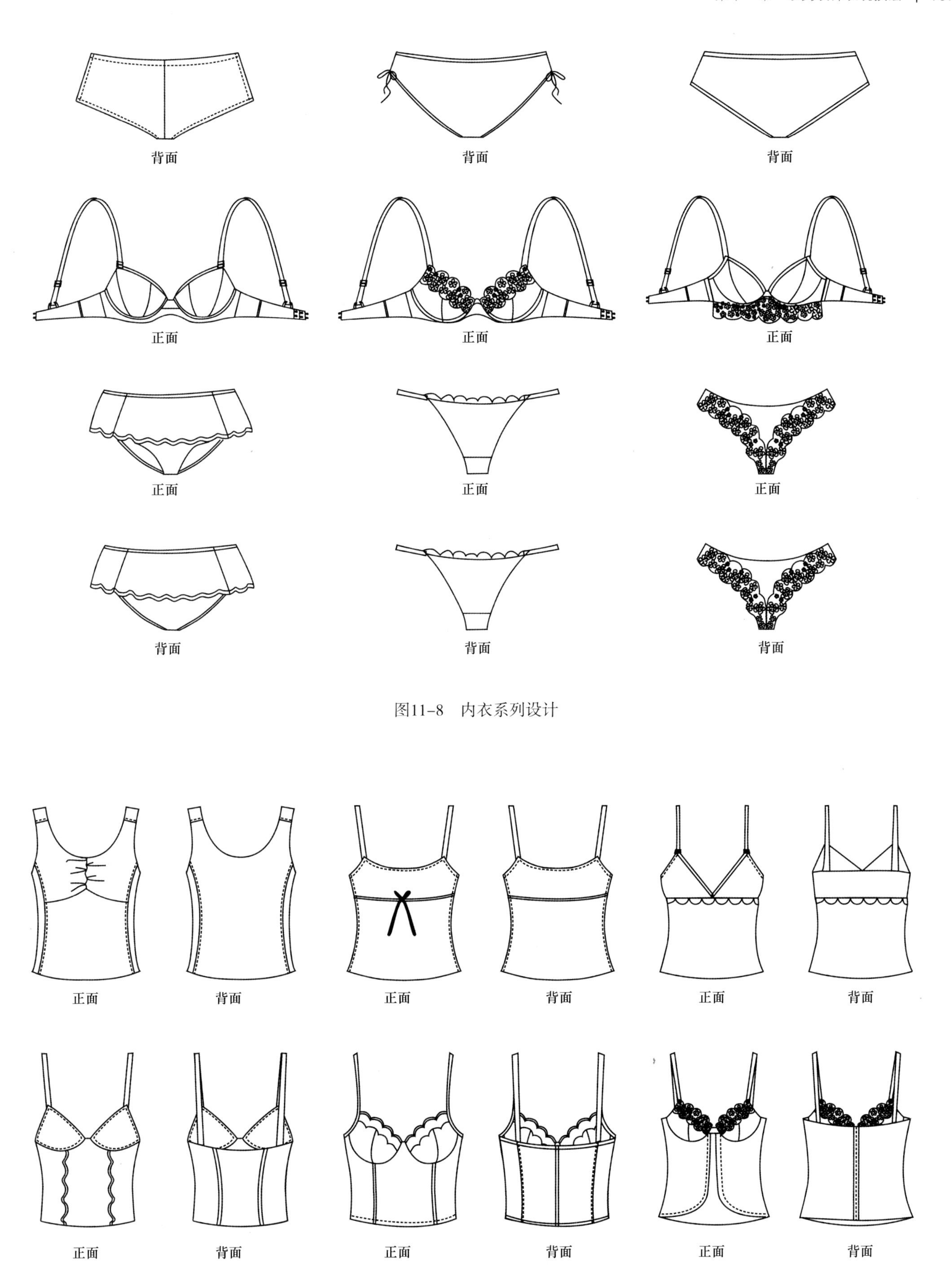

图11-8　内衣系列设计

图11-9　内衣系列延伸设计

思考与练习题

1．画3个不同系列的女装。
2．画3个不同系列的男装。
3．画3个不同系列的童装。
4．画3个不同系列的内衣。

实践课程——

电脑画款式效果图表现技法

课题名称：电脑画款式效果图表现技法

课题内容：CoreIDRAW软件服装款式图表现技法

Photoshop软件服装效果图表现法

Illustrator软件服装效果图表现法

电脑款式效果图欣赏

课题时间：10课时

训练目的：掌握CoreIDRAW软件服装款式图表现法、Photoshop软件服装效果图表现法、Illustrator 软件服装效果图表现法，根据提供的电脑画款式效果图进行训练。

教学方式：讲授法、举例法、示范法、启发式教学、现场实训教学相结合。

教学要求：1．掌握CoreIDRAW软件服装款式图表现法。

2．掌握Photoshop软件服装效果图表现法。

3．掌握Illustrator 软件服装效果图表现法。

4．根据电脑画款式欣赏效果图指导学生进行绘画训练。

第十二章　电脑画款式效果图表现技法

电脑进行服装款式设计已经被越来越多的设计师所认同，给服装设计提供了一个新的绘画创作空间。电脑画服装款式有三方面的优点：快捷、准确、高效，这在商业运作中尤为重要。传统的服装款式设计需要准备的纸、笔、颜料、画板等，常常受到多种制约而无法发展，用电脑却可以不受时间地点的限制，如果客户要求变换颜色和细节调整，传统绘画只好重新修改，甚至作废，但在电脑里就可以轻而易举地完成，软件中提供了多种图形设计手段，数十万种色彩等，随时可以方便地进行任意修改、放大、调色等，操作简捷，易懂易学，大大提高了设计效率，增强了表现力。CoreIDRAW、Photoshop、Illustrator设计软件都可以用来绘制服装款式效果图。不管最终生成的设计作品会是什么样子，它所起的作用无非两种：利用软件的创造工具生成新图形；利用已有的图形元素进行重新组合，产生新的图形或作品。

第一节　CorelDRAW软件服装款式图表现技法

CoreIDRAW是一种平面矢量绘图软件，利用CoreIDRAW软件提供的绘图工具、填色工具、特种效果填充工具、图片填充工具等可以绘制出漂亮的服装款式效果图。

一、CorelDraw X4常用工具功能介绍（表12-1）

表12-1　CorelDraw X4常用工具功能介绍表

序号	名称	图标	快捷键	功能介绍
1	选择工具			用来选择对象，可以点选，也可以通过拖动出一个选择框来选择多个对象。点选使用［Shift］+左击鼠标来选择或去选多个对象；拖动选择框，通常情况下，只有选择框完全包围了目标对象或目标对象群的时候才能完成选择，按住［Alt］使得被选择框接触到的对象立刻就被选中 群组使用［Ctrl］+左击鼠标可以点选组中的某个对象
2	形状工具		F10	利用［形状工具］可以对一个曲线图形进行编辑操作，如增减节点、移动节点，将直线变为曲线、曲线变为直线、对曲线进行形状改变、调整文本的字、行间距
3	涂抹笔刷			利用［涂抹笔刷］可以对图形进行修改，类似于擦除工具，修改造型效果图
4	粗糙笔刷			利用［粗糙笔刷］可以将图形边沿进行毛边处理。如特定服装材料的质感效果设计
5	变换工具			利用［变换工具］可以对图形进行旋转和镜像的自由变换

续表

序号	名称	图标	快捷键	功能介绍
6	裁剪工具			利用［裁剪工具］能帮助用户移除不需要的对象部分，灵活地完成一些复杂的操作，它既可以对矢量图形进行编辑，也可以对位图进行编辑
7	刻刀工具			利用［刻刀工具］可以将现有图形进行任意切割，实现对图形的绘制改变
8	橡皮擦		X	只需左击鼠标并拖动橡皮擦工具，可以擦除不需要的图形部分和矢量对象。［橡皮擦］工具也可以改变、分割选定的对象和路径
9	虚拟段删除			利用［虚拟段删除］可以删除图形中的独立线条、连续性线条和交叉的某个线段
10	缩放工具		Z	利用［缩放工具］可以对图形进行多种缩放变换。让我们在绘图过程中进行全屏放大和局部放大
11	手形		H	利用［手形］工具可以自由移动图形，使我们方便观看图形的任意位置
12	手绘工具		F、F5	［手绘工具］是绘图过程中最基本的画线工具，利用［手绘工具］可以绘制单段直线、连续曲线、连续直线、封闭图形等
13	贝赛尔		B	利用［贝赛尔］工具可以绘制连续性自由曲线，并且在绘制曲线过程中，可以随时控制曲率变化
14	艺术笔		I	［艺术笔］工具在绘制服装效果图中作用很大，利用［艺术笔］可以采用多种预设笔触绘图，也可以进行不同笔绘图及多种图案的喷洒绘制
15	钢笔		P	利用［钢笔］工具可以进行连续性直线、曲线的绘制和图形绘制
16	折线		P	利用［折线］工具可以快速连续性绘制直线和图形
17	三点曲线		3	利用［三点曲线］工具可以绘制已知三点的曲线，如服装的领口曲线和裤子裆部曲线等
18	连接器		C	利用［连接器］工具可以在两个对象之间创建连接线。常用于绘制简单的流程图
19	度量工具			利用［度量工具］为图形添加标注和尺寸，可以绘制垂直、水平、倾斜或带角度的尺度线，计算工作区中任意两点的距离
20	智能填充工具			［利用智能填充工具］可直接选定区域自动填充颜色
21	智能绘图		S Shift+S	利用［智能绘图］工具能自动识别许多形状，包括圆形、矩形、菱形、梯形、箭头等。能对自由手绘的线条重新组织优化，还能自动平滑和修饰曲线，快速规整和完善图像
22	矩形工具		R、F6	［矩形工具］是服装制图的常用工具，利用矩形工具可以绘制垂直放置的矩形，按住［Ctrl］键可以绘制正方形
23	三点矩形		3	利用［三点矩形］工具可以绘制任意方向的矩形，按住［Ctrl］键可以绘制任意方向的正方形
24	椭圆形工具		E、F7	利用［椭圆形工具］可以绘制垂直的椭圆，按住［Ctrl］键可以绘制正圆
25	三点椭圆形		3	利用［三点椭圆形］工具可以绘制任意方向的椭圆，按住［Ctrl］键可以绘制任意方向的正圆
26	多边形工具		P、Y	利用［多边形工具］可以绘制任意多边形，其边数量可以通过多边形属性栏进行设置

续表

序号	名称	图标	快捷键	功能介绍
27	星形		S	利用［星形］工具可以绘制不同形状的星形
28	复杂星形		C	利用［复杂星形］工具可以绘制不同形状的复杂星形
29	图纸		G、D	利用［图纸］工具可以绘制方格，形成任意单元表格、其行数和列数可以通过对应属性栏进行设置
30	螺纹		S、A	利用［螺纹］工具可以绘制任意螺旋形状，螺旋的密度和展开方式可以通过其对应的属性栏进行设置
31	基本形状		B	利用［基本形状］工具可以选择绘制不同的形状
32	箭头形状		A	利用［箭头形状］工具可以选择绘制不同形状的箭头
33	流程图形状		F	利用［流程图形状］工具可以选择绘制不同形状的流程图
34	标题形状		N	利用［标题形状］工具可以选择绘制不同形状的标题
35	标注形状		C	利用［标注形状］工具可以选择绘制不同形状的标注
36	文本工具		F8	利用［文本工具］可以进行中文、英文、数字的输入和编辑
37	表格工具			利用［表格工具］可以进行文档的版面设计。用户只需添加、删除和编辑行、列和单元格即可完成操作
38	交互式调和工具			利用［交互式调和工具］可以在任意两个色彩之间进行色彩的渐变调和，以获得所需要色彩。还可以在任意两个形状之间进行霰状层次的渐变处理
39	轮廓图			利用［轮廓图］工具可以对图形四周进行等间距放大，形成新图形，如对服装样板添加缝分量
40	变形工具			利用［变形工具］可以操作应用推拉、扭曲、拉链三种变形方式来变换效果，从而制作出复杂、多样的效果
41	阴影工具			利用［阴影工具］可以为图形添加阴影，加强图形有立体感，使立体图形更加逼真
42	封套			选中对象后，单击［封套］，在属性栏中会出现软件所提供可控制封套效果的设置选项。根据这些选项，用户可以直观地调节对象的形状
43	立体化			利用［立体化］工具可以将图形效果处理具有立体感、空间感、真实感
44	透明度			利用［透明度］工具可以对已选填色图形进行透明处理，以便获得更加漂亮的颜色效果
45	滴管工具			利用［滴管工具］可以获取图形中任意位置的颜色，以便对其他图形进行同色填充
46	颜料桶			当利用［滴管工具］获取了图形中的颜色后，可以利用［颜料桶］工具对其他图形进行大面积同色填充
47	轮廓		F12	［轮廓］工具是用来编辑图形的轮廓宽度和颜色的工具
48	填充		Shift+F11	［填充］工具是用来对图形进行标准、喷泉式、图样、底纹、渐变等填充处理
49	交互式填充工具		G	利用［交互式填充工具］配合属性栏的其他工具，可以对图形进行多种填充，以获得不同的填充效果

二、如图12-1所示，以西装为例，运用CorelDRAW软件进行西装款式图绘制

让读者快速掌握具体的操作方法和规律。

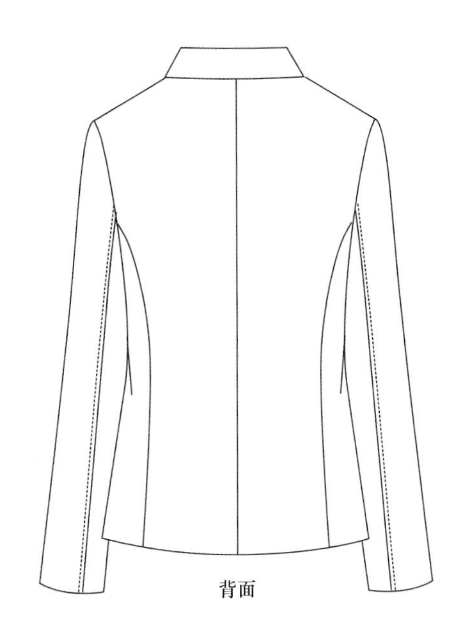

图12-1　西装款式图

（1）双击电脑桌面的 CorelDRAW软件→新建文档→选择A4纸。垂直放置，单位为mm。用［矩形工具］画一个长方形，长66mm，宽42mm，也可以按照8/13这个比值来定长方形的尺寸。

（2）勾选［视图］菜单→下拉菜单［标尺］和［辅助线］，这个就相当于画图时的辅助线，是必备的。

（3）如图12-2所示，从工作区的左侧拉出一条辅助线放在长方形的中间位置。

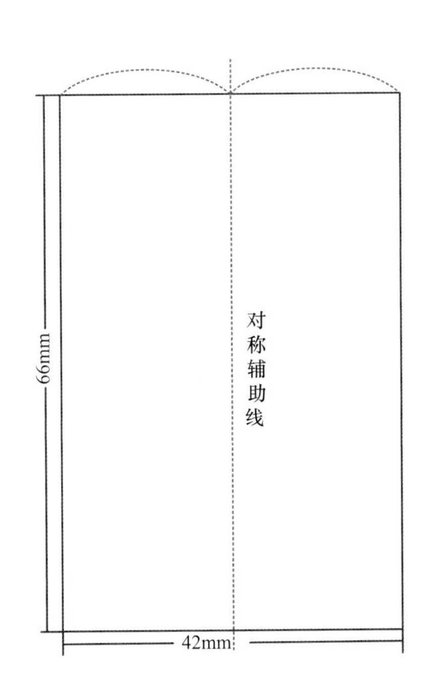

图12-2　画辅助线

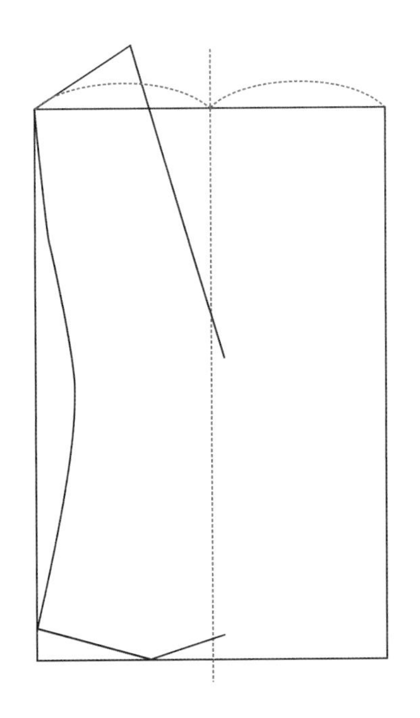

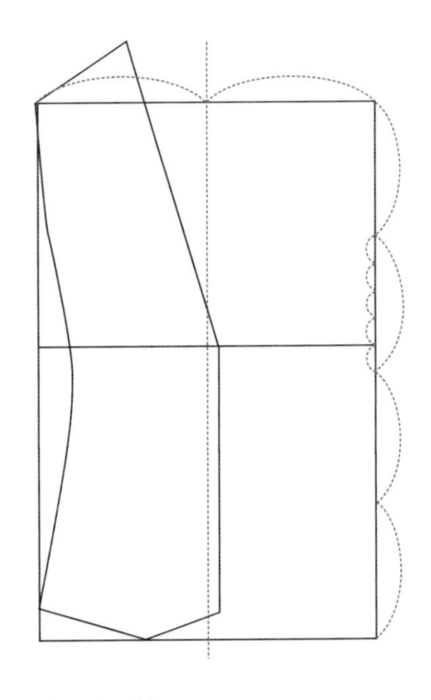

图12-3　画前片衣身基本形状

（4）中间的这条辅助线就是西装的前中线，在后面画图中，同样会用到这条辅助线。

（5）如图12–3所示，选择［贝塞尔工具］，画好前片衣身的基本形状，并将连成完全闭合的状态。

（6）选择［形状工具］调整线型，这时候就可以看到在调整线形状的时刻，会常用这个工具栏［属性栏：编辑曲线、多边形和封套］（图12–4）。

图12–4 ［属性栏：编辑曲线、多边形和封套］对话框

（7）如图12–5所示，选择［形状工具］选择画好的图形，可以看到每条线相连的每一个节点显示为淡蓝色，在领口直线上点击，线条上出现一个圆点。

（8）如图12–6所示，选择［属性栏：编辑曲线、多边形和封套］里的 到［曲线］工具，转换直线为曲线，这时，可以看到线条出现了上下两个节点上出来调节杆，点击调节杆，调整该线为曲线，调为弧线状态。

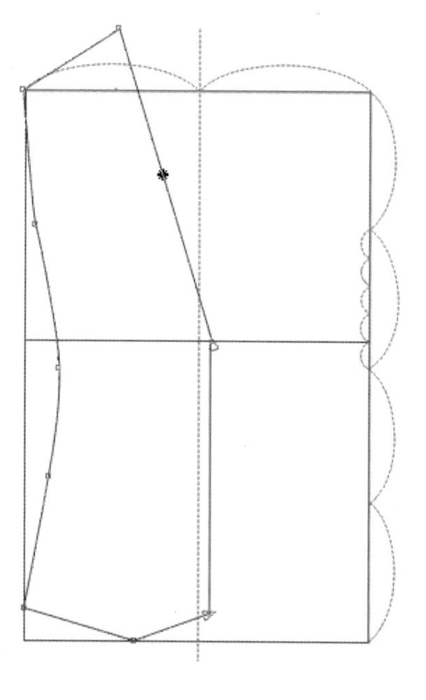

图12–5 显示节点

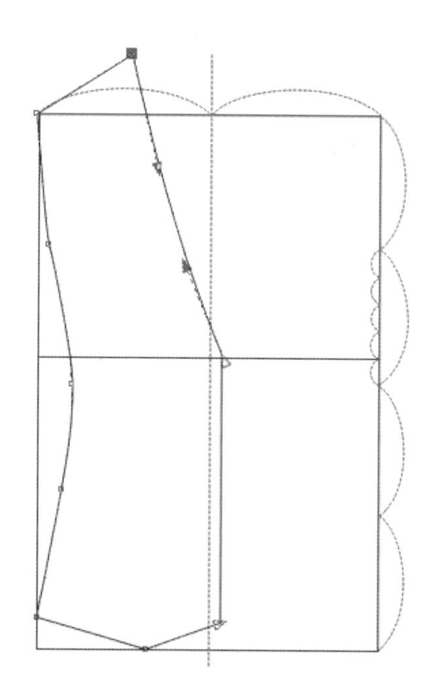

12–6 调整曲线

（9）如图12–7所示，画好胸围和腰围辅助线后，放大下摆局部图形，选择［形状工具］双击下摆线，弹出显示的蓝色节点，增加了一个节点，继续用［形状工具］移动另一个节点，调整好下摆弧线。

（10）如图12–8所示，选择［贝塞尔］工具画好西装的驳头，选择［形状工具］调整好驳头弧线。

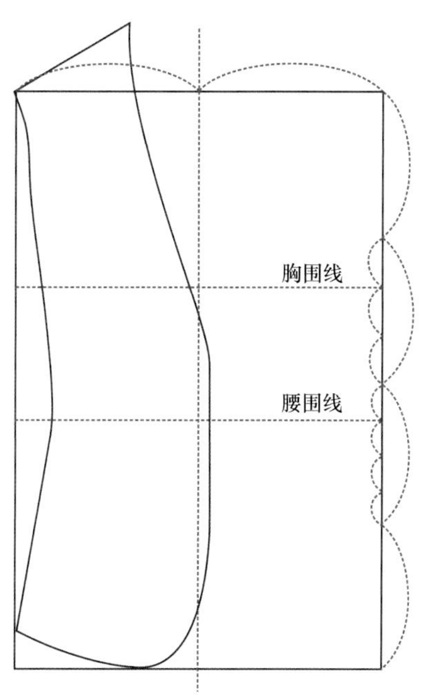
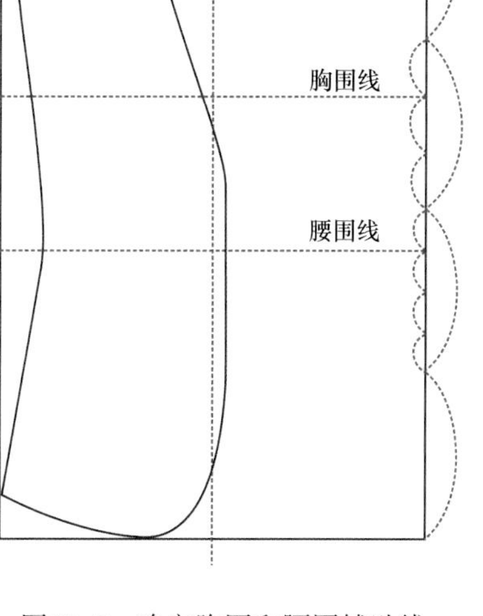

图12–7　确定胸围和腰围辅助线

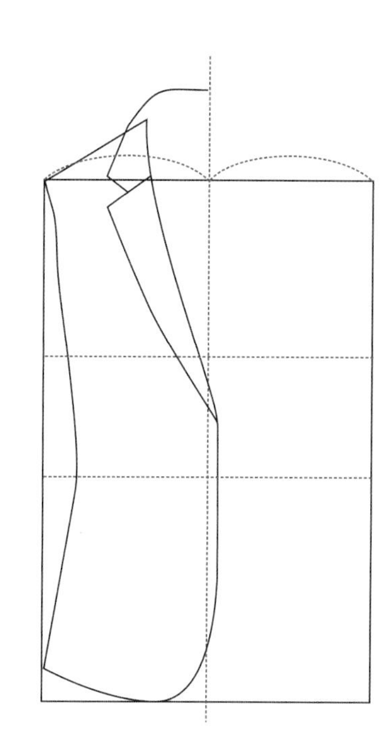

图12–8　画西装领驳头

（11）如图12–9所示，选择［贝塞尔］工具画好西装领，选择［形状工具］调整好西装领弧线。

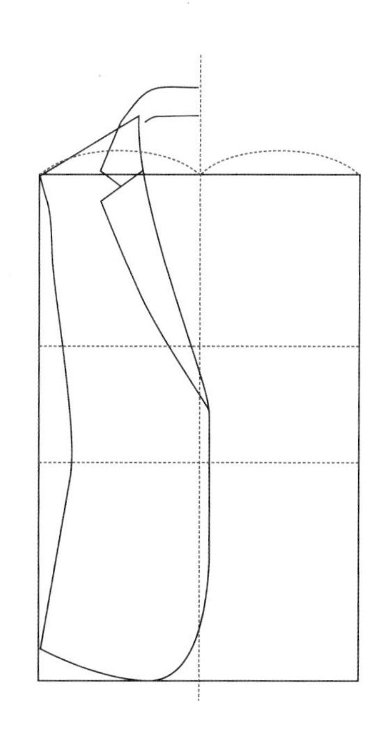
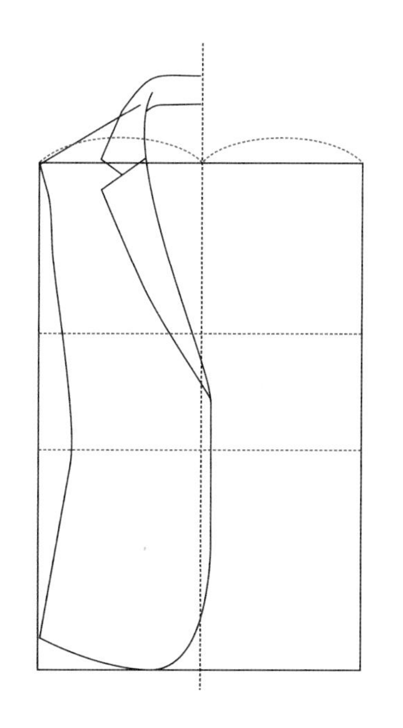
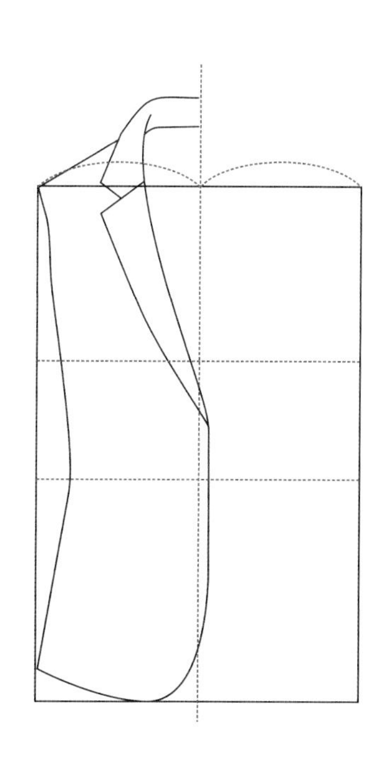

图12–9　画西装领

（12）如图12–10所示，选择［排列］菜单下的［变换］，在［变换］菜单下点击［位置］，工作区的右侧就弹出［变换］属性工具栏(图12–10)，选择［缩放和镜像］工具。如图12–11所示，按住键盘［Shift］键，将线条依次选中，点击［镜像］里水平方向，勾选［不按比例］里的右中间方格，点击［应用到再制］将前片对称复制完成。

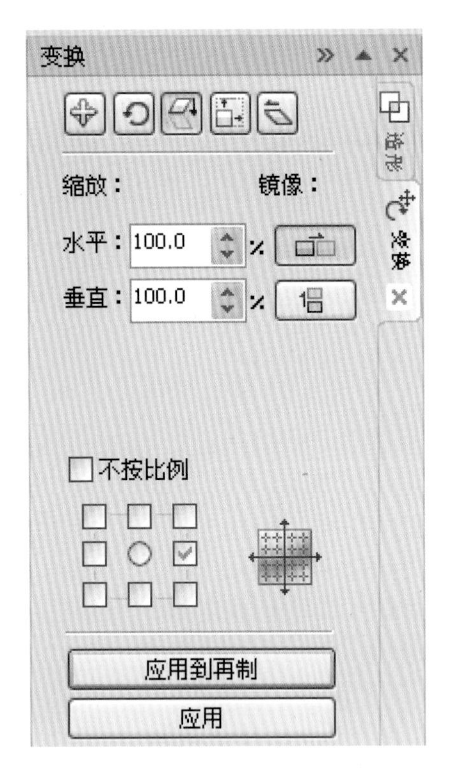

图12-10 ［变换］对话框

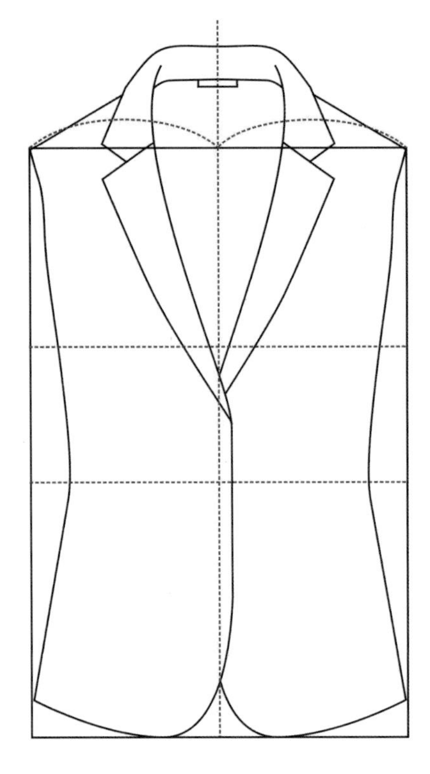

图12-11 对称复制前片

（13）如图12-12所示，选择［贝塞尔］工具画好西装前片分割线和袋盖，选择［形状工具］调整好西装前片分割线。参照前面的操作方法将分割线和袋盖对称复制。

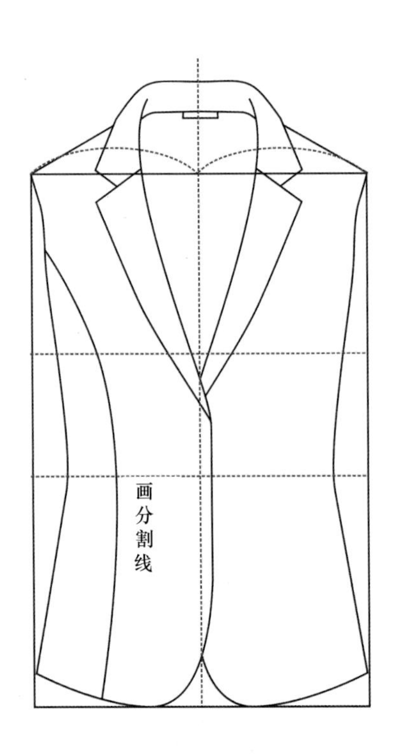

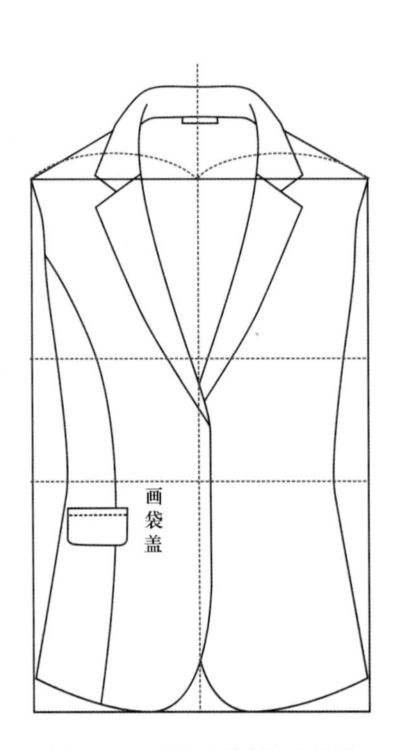

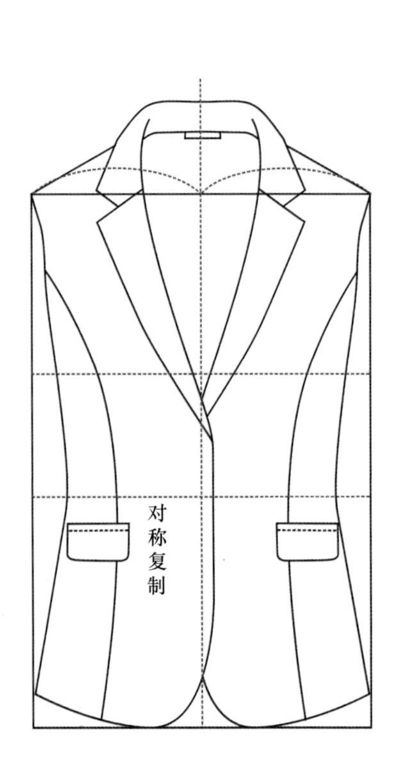

图12-12 画前片分割线和袋盖

（14）如图12-13所示，选择［贝塞尔］工具画好袖子，选择［形状工具］调整好袖子弧线。参照前面的操作方法将袖子对称复制。然后参照前片的绘制方法画好后片。

图12-13　西装完成图

第二节　Photoshop软件服装效果图表现法

Photoshop是图像编辑软件，通过图层、通道、路径等工具实现对图像的编辑，表现力极强。还可根据不同的需要进行参数设置，并进行编辑保存其画笔工具，给我们的设计带来许多意想不到的效果，能够实现许多特殊图像处理。Photoshop软件是绘制服装效果图软件中的理想选择。

一、Photoshop X4常用工具功能介绍（表12-2）

表12-2　Photoshop常用工具功能介绍对照表

序号	名称	图标	快捷键	功能介绍
1	移动工具		V	可以对Photoshop里的图层进行移动
2	矩形选框工具		M	可以对图像选一个矩形的选择范围，一般对规则矩形的选择较多
3	单列选框工具			可以对图像在垂直方向选择一列像素，一般对比较细微的地方选择使用
4	裁切工具			可以对图像进行剪裁，剪裁选择后一般出现八个节点框，用户用鼠标对着节点进行缩放，用鼠标对着框外可以对选择框进行旋转，用鼠标对着选择框双击或打回车键即可以结束裁切

续表

序号	名称	图标	快捷键	功能介绍
5	套索工具		L	可任意按住鼠标不放并拖动，进行选择一个不规则的选择范围
6	多边形套索工具			可用鼠标在图像上某点定一点，然后进行多线选中要选择的范围，没有圆弧的图像勾边可以用这个工具，但不能勾出弧度
7	磁性套索工具			这个工具似乎有磁力一样，不须按鼠标左键而直接移动鼠标，在工具头处会出现自动跟踪的线，这条线总是走向颜色与颜色边界处，边界越明显磁力越强，将首尾连接后可完成选择，一般用于颜色与颜色差别比较大的图像选择
8	魔棒工具			用鼠标对图像中某颜色单击一下对图像颜色进行选择，选择的颜色范围要求是相同的颜色，其相同程度可对［魔棒工具］双击，在屏幕右上角上容差值处调整容差度，数值越大，表示魔棒所选择的颜色差别大，反之，颜色差别小
9	画笔工具		B	是用来对图像进行上色
10	图案图章工具		S	它也是用来复制图像，但与橡皮图章有些不同，它前提要求先用［矩形选框工具］选择一范围，再在［编辑］菜单中点取［定义图案］命令，然后再选合适的笔头，再在图像中进行复制图案
11	历史记录画笔工具		Y	主要作用是对图像进行恢复图像最近保存或打开图像原来的面貌，如果对打开的图像操作后没有保存，使用这工具，可以恢复这幅图原打开的面貌；如果对图像保存后再继续操作，则使用这工具则会恢复保存后的面貌
12	橡皮擦工具		E	主要用来擦除不必要的像素，如果对背景层进行擦除，则背景色是什么色擦出来的是什么色；如果对背景层以上的图层进行擦除，则会将这层颜色擦除，会显示出下一层的颜色
13	铅笔工具		B	主要是模拟平时画画所用的铅笔一样，选用这工具后，在图像内按住鼠标左键不放并拖动，即可以进行画线，它与画笔不同之处是所画出的线条没有蒙边。笔头可以在右边的画笔中选取
14	模糊工具		R	主要是对图像进行局部加模糊，按住鼠标左键不断拖动即可操作，一般用于颜色与颜色之间比较生硬的地方加以柔和，也用于颜色与颜色过渡比较生硬的地方
15	锐化工具		R	与模糊工具相反，它是对图像进行清晰化处理，清晰是在作用的范围内全部像素清晰化，如果作用太厉害，图像中每一种组成颜色都显示出来，所以会出现花花绿绿的颜色。作用了模糊工具后，再作用锐化工具，图像不能复原，因为模糊后颜色的组成已经改变
16	涂抹工具		R	可以将颜色抹开，好像是一幅图像的颜料未干而用手去抹，使颜色走位一样，一般用在颜色与颜色之间边界处生硬或颜色与颜色之间衔接不好，将过渡的颜色柔和化，有时也会用在修复图像的操作中。涂抹的大小可以在右边画笔处选择一个合适的笔头
17	减淡工具		O	也可以称为［加亮工具］，主要是对图像进行加光处理以达到对图像的颜色进行减淡，其减淡的范围可以在右边的画笔选取笔头大小
18	加深工具		O	与［减淡工具］相反，也可称为［减暗工具］，主要是对图像进行变暗以达到对图像的颜色加深，其减淡的范围可以在右边的画笔选取笔头大小
19	海绵工具		O	它可以对图像的颜色进行加色或进行减色，可以在右上角的选项中选择加色还是减色。实际上也可以是加强颜色对比度或减少颜色的对比度。其加色或减色的强烈程度可以在右上角的选项中选择压力，其作用范围可以在右边的画笔中选择合适的笔头
20	钢笔工具		P	它与［磁性套索工具］有些相似，所画的路径也会有磁性一样，自动会偏向颜色与颜色的边界，其磁性的吸力可以在右上角的［频率］调整，数值越大，吸力也越大

二、如图12–14所示，以连衣裙为例，运用Photoshop软件对连衣裙进行效果图着色处理

让读者快速掌握具体的操作方法和规律。

1. 轮廓图

（1）选择在白纸上手绘轮廓图，或者运用CoreIDAW软件画轮廓图。

（2）双击电脑桌面的 Photoshop软件，将手绘轮廓图通过扫描仪扫描入电脑，或者将Coreldraw软件画好的轮廓图导入Photoshop软件。

（3）使用［魔法棒］选取空白色，点击上方菜单工具：［选择］→［选取相似］→点击［删除］键。删去轮廓线以外的空白。这样轮廓线以外都是透明的了。

（4）新建一个空白图层。点击上方［工具栏］→［文件］→［新建］，可在预设中调取A4或是想要的大小图层。将轮廓线拖进新建的图层中，并将轮廓线图层命名为［轮廓线］以方便运用。 在后面的作图里，要求把［轮廓线层］放在最上面。

2. 人体皮肤着色（图12–15）

（1）新建一层，把此层命名为［皮肤层］。使用［魔法棒］工具在轮廓线图层中选取需要取皮肤色的地方，然后点击新建好的［皮肤层］，在［皮肤层］中开始上色。

图12–14　连衣裙轮廓图

12–15　人体皮肤着色

（2）可利用前景色填充，然后利用［加深工具］和［减淡工具］把皮肤的明暗关系画出来，或是利用［画笔工具］画出不同的质感。

3. **头发着色**（图12–16）

同皮肤色一样，先新建一图层后，使用［魔法棒］在轮廓线中选取出需要填色的位置，或是用选框工具画出头发的选区，然后填入色彩。可以使用不同的笔刷工具来画出头发的质感，也可利用［减淡工具］和［加深工具］画出头发的明暗关系，画完后在［滤镜］菜单下选择［模糊］，再在［模糊］菜单下点击［高斯模糊］，将头发处理，去除选区后用［涂抹工具］在头发的边缘摸几下，使之有飘动的感觉。

图12–16　头发着色

4. **衣服着色**

（1）同样新建一图层，取名为［衣服］，选取需要上色的衣服，使用［铅笔工具］填上自己所想要的色彩，可先平铺，而后运用［铅笔工具］加深画出明暗关系，或是用［橡皮擦］调低它的不透明度来擦出高光（图12–17）。

（2）在作图过程中，每画一个部位，都要新建一图层，这样方便于我们删除或是更改图层时，避免破坏到其他的图层。例如：当需要改变衣服的色彩时，只需要点选衣服的图层，点击上方工具栏中的：［图像］→［调整］→［色相/饱和度］，便可轻松改变整条长裙的选色（图12–18、图12–19）。

（3）当全图绘制完成，只需按住：［Ctrl+Shift+E］便可合并全部图层为一图层，将其储存为JPG格式文档，如图12–20所示（另外：如果图今后需修改，在没有合并之前储存为Photoshop格式，以方便修改）。

图12-17　衣服着色步骤1

图12-18　衣服着色步骤2

图12-19　衣服着色步骤3

图12-20　完成图

第三节　Illustrator 软件服装效果图表现法

Illustrator是一款非常强大的矢量图绘画软件，Illustrator软件进行上色操作没有矢量图软件的通病——过渡色不柔和。Illustrator同时具备了CoreIDRAW和Photoshop两大软件的基本功能优势，是服装设计的理想辅助工具。

一、Illustrator cs5常用工具功能介绍（表12-3）

表12-3　Illustrator cs5常用工具功能介绍对照表

序号	名称	图标	快捷键	功能介绍
1	选择工具		V	一般称为黑箭头，作用专为选取对象之用
2	直接选择		A	一般称为白箭头，可选取节点（瞄点）或对象
3	磨棒工具		Y	与PhotoShop的［磨棒工具］功能一样，依颜色的宽容度值来选取对象
4	套索工具		Q	套索的节点选取工具

续表

序号	名称	图标	快捷键	功能介绍
5	钢笔工具		P	用于绘制直线或曲线路径，从而创建图形对象
6	文字工具		T	可输入横式排列文字
7	直线段工具		\	按住［Shift］键，可画出垂直、水平、或45°直线
8	矩形工具		M	利用［矩形工具］可以让我们绘制出正方形或长矩形
9	画笔工具		B	使用［画笔工具］可以按手绘方式绘制路径，直接为路径增加艺术画笔效果
10	铅笔工具		N	可用来绘制或编辑手绘路径线条
11	斑点画笔工具		Shift+B	绘制封闭路径图形自动扩展合并堆叠相邻具有相同颜色属性的书法画笔路径
12	橡皮擦工具		Shift+E	用于从图形中删除路径或节点
13	旋转工具		R	［旋转工具］可以旋转改变对象的角度，另外它还可以定义适当的旋转中心点，复制出多角度的复制图形
14	比例缩放工具		S	这是一个控制对象，放大缩小的变形工具，也可产生缩放复制对象
15	宽度工具		Shift+W	可变宽绘制的路径描边，并调整为各种多变的形状效果。还可以使用此工具创建并保存自定义宽度配置文件，可将该文件重新应用于任何笔触
16	自由变换工具		E	用于被移动的选区范围的图像会自动进入变换状态，既可以移动又可以自由变换。这个操作仅仅作用于所在图层，对编辑修改多图层景物非常方便实用
17	形状生成器工具		Shift+M	使用［形状生成器工具］可以通过合并、擦除简单形状，从而来创建复杂形状的交互式工具。它可用于简单和复合路径，并会自动亮显所选作品中可合并成新图形的边缘和区域
18	透视网格工具		Shift+P	支持在真实的透视图平面上直接绘图。在精确的1点、2点、或3点透视中使用透视网格绘制形状和场景
19	网格工具		U	创建可以填充多种颜色的网格图形
20	渐变工具		G	利用［渐变工具］可以调整对象中的渐变起点、终点及方向
21	吸管工具		I	［吸管工具］可以在操作对象上进行属性采样操作
22	混合工具		W	这是一个非常有用的描图工具，它可以用于在多个对象间创建颜色和形状的混合效果
23	符号喷枪工具		Shift+S	配合选取符号面板中的符号，可喷洒出Illustrator新形态的符号对象，并支持数字笔感压。
24	柱形图工具		J	用于生成垂直柱状图表
25	裁剪区域工具	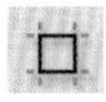	Shift+O	可直接裁剪想选用的区域
26	切片工具		Shift+K	专门用来制作分割图形，在网页中常见的切割图片效果
27	抓手工具		H	可用来移动画面，另外在使用任何工具时，按住［空格键］不放，可以直接将原本的工具，切换为掌形工具
28	放缩工具		Z	增加或减少观察倍率

二、以套装为例运用Illustrator软件进行设计

让读者快速掌握具体的操作方法和规律。

1. 起稿

如图12-21所示，新建一个图层，先用钢笔勾出模特着装的基本造型，线条颜色根据整体画面的色调来选择，然后再新建一个图层，把它拉到最底层，然后再把模特的下半身用钢笔工具勾画出来。

图12-21 勾出模特着装的基本造型

2. 皮肤着色

如图12-22所示，对模特皮肤进行着色处理。

3. 服装着色

先上衣服的基本颜色，要注意色彩的搭配关系。上裤子的条纹颜色时用蒙版命令：先把条纹上好色然后群组（［Ctrl+G］），把裤子处于选择状态，先按［Ctrl+C］（复制），再按［Ctrl+F］(粘贴复制的物体

在该物体上，位置不变)。然后再把它调到图层的最顶层（可以按［Ctrl+Shift］），把裤子处于条纹之上，然后选择裤子和条纹，按［Ctrl+7］，这样条纹就会变成在裤子的区域里面了。如图12–23所示，裤子着色后要进一步完善人物和服装的造型，可以在身上或鞋子上加点装饰，并加强头发的飘逸动感。

图12–22　皮肤着色

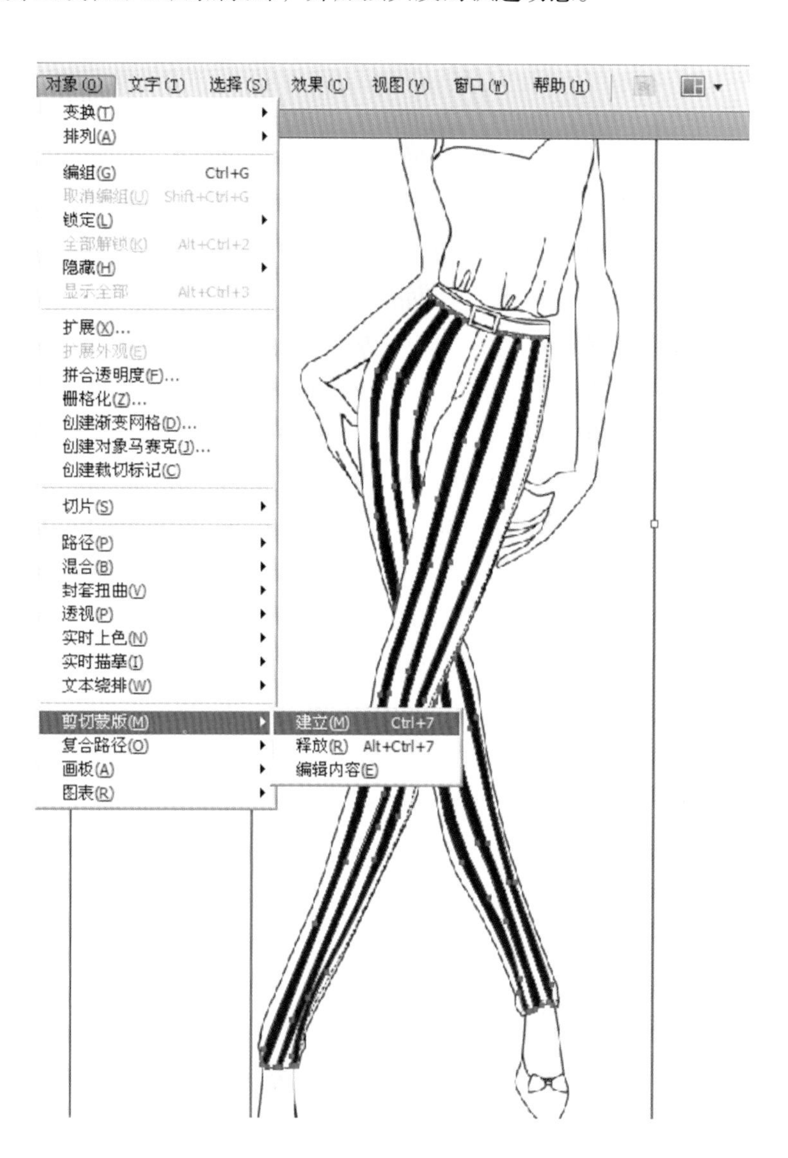

图12–23　服装着色

4. 明暗度调整

如图12–24所示，模特肤色和服装颜色画好后，然后开始给模特和衣服增加一点立体感，注意衣服的褶皱和光源的方向。选择［钢笔工具］慢慢地把它勾画出来。选择一些淡灰的颜色，阴影要加得恰到好处。阴影画完后在“透明度”面板上有个下拉选项，默认值是标准，这时将模式选择为［正片叠底］。这样阴影效果就非常自然了。

5.完善细节

如图12–25所示，选择［蒙版工具］进行细节处理，增强服装立体感。

图12-24　明暗度调整

图12-25　完成图

第四节 电脑款式效果图欣赏

图12-26

图12-27

图12-28

图12-29

图12-31

图12-30

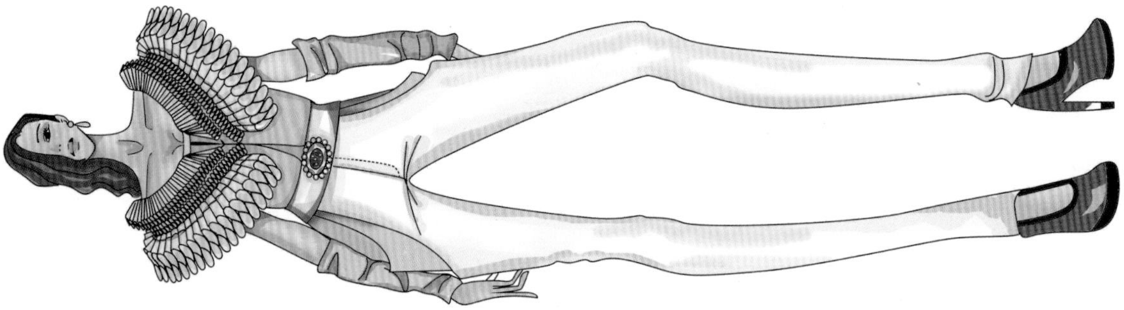

图12-35

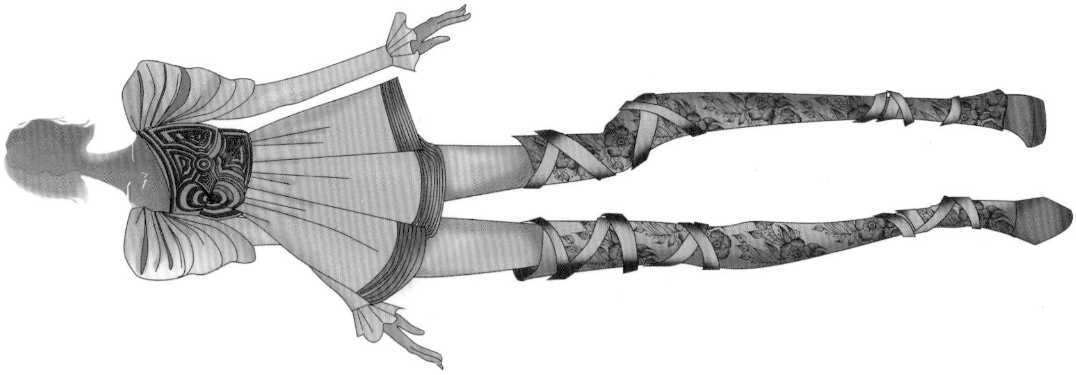

图12-34

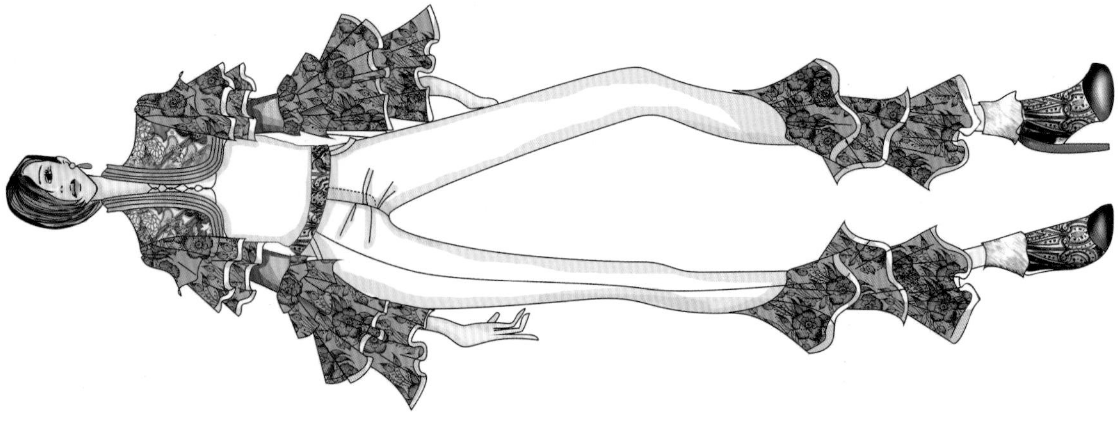

图12-33

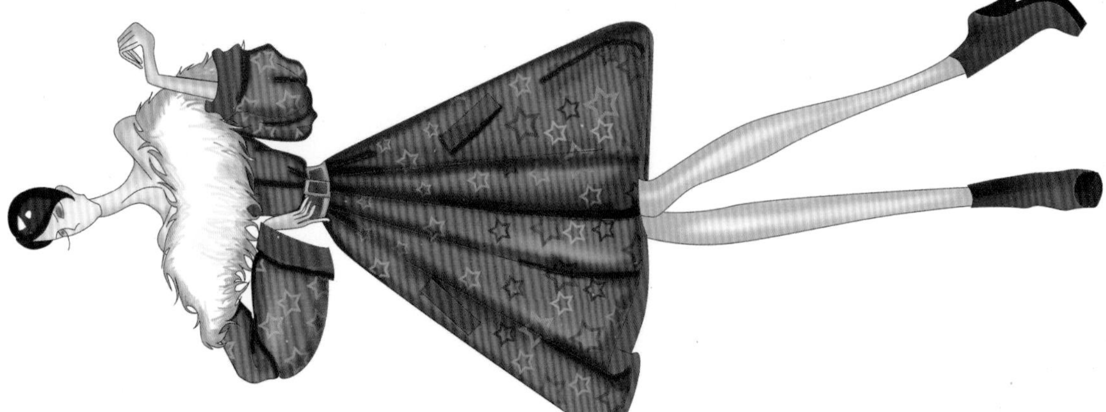

图12-32

图12-36

图12-37

图12-38

图12-39

图12-40　　图12-41　　图12-42　　图12-43

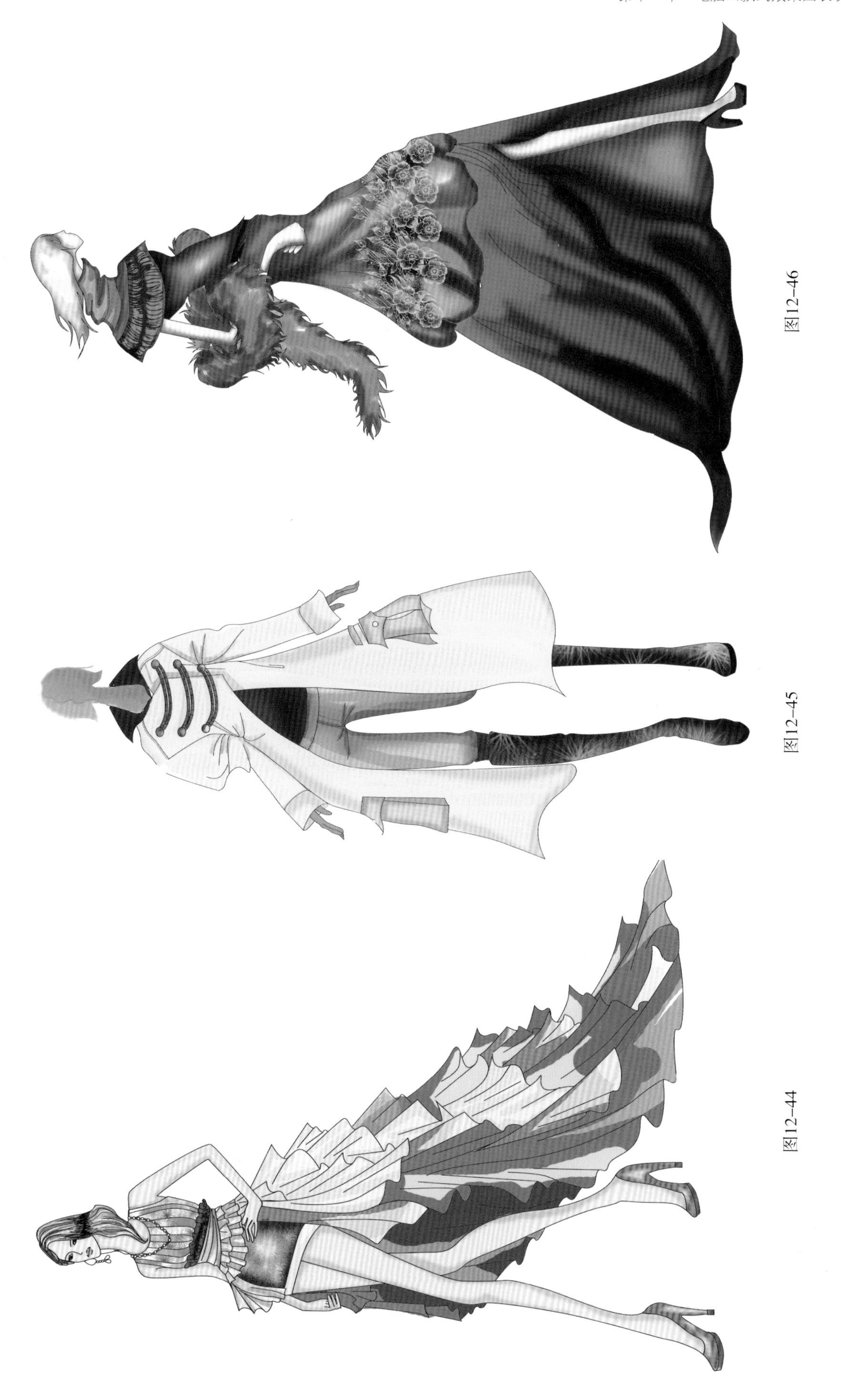

图12-44

图12-45

图12-46

思考与练习题

1．利用CorelDRAW软件画10款服装款式图。

2．利用Photoshop软件画10款服装效果图。

3．利用Illustrator软件画10款服装效果图。

附录　服装设计师必备的十大职业能力

1. 丰富的想象力

独创性和想象力是服装设计师的翅膀。没有丰富想象力的设计师，技能再好也只能称为服装绘图员，而不能称之为真正的服装设计师。设计的本质是创造，设计本身就包含了创新、独特之意。现代的生活方式都可以给服装设计师很好的启迪和设计灵感。丰富的想象力和独创的精神是服装设计师的宝贵财富。

2. 独特的审美能力

服装设计必须不断提高审美能力，树立起独特的审美观。审美能力是指人们认识与评价美、发现美的事物与各种审美特征的能力。服装设计师要具备通过对自然界、社会生活的各种事物和现象作出审美分析或评价时所必须应有的感受力、判断力、想象力、创造力。培养和提高审美能力是非常重要的，审美能力强的人能迅速地发现美、捕捉住蕴藏在审美对象深处的本质性东西，并从感性认识上升为理性认识，只有这样才能去创造美和设计美。单凭一时感觉的灵性而缺少后天的艺术素养的培植，是难以形成非凡的才情底蕴的。

3. 服装绘画能力

绘画与造型能力是服装设计师的基本技能之一。当然，也有个别服装设计名师不会服装绘画的，但他们需要在其他方面有更杰出的表现。只有具备了良好的绘画基础才能通过设计的造型表现能力以绘画的形式准确地表达设计师的创作理念，另一方面在设计图的过程当中，也更能体会到服装造型中的节奏和韵律之美。服装本身是人体的外部覆盖物，与人体有着密切的关系，作为服装设计师只有对人体比例结构有准确、全面的认识，才能更好地、立体地表达人体之美，这是设计的基础。

4. 模仿学习能力

服装设计师要善于在模仿中学习提高自身素质和技能。中国的服装企业80%以上都是买手型企业。这些服装企业都不需要原创设计。基本是将欧美、日韩、港台一些正在流行的服装风格和流行元素抄过来进行二次改进设计的。模仿从行为本身来看，应该算是一种抄袭，是创造的反义词，它不能表现出自己的技术或能力有多好，但应该看到，许多成功的发明或创造都是从模仿开始的，模仿应该视为一种很好的学习方法。服装设计师要有意识地模仿流行服装的设计技巧和风格，以此来培养感觉和练习技巧。最终发现自己的长处，并且形成自己的设计风格。

5. 对款式、色彩和面料的掌握能力

服装的款式、色彩和面料是服装设计的三大基本要素。服装的款式是服装的外部轮廓造型和部件细节造型，是设计变化的基础。服装的色彩变化是设计中最醒目的部分。服装的色彩最容易表达设计情怀，同时易于被消费者接受。服装的每一种色彩都有着丰富的情感表征，给人以丰富的内涵联想。除此之外，色彩还有轻重、强弱、冷暖和软硬之感等，当然，色彩还可以让我们在味觉和嗅觉上浮想联翩。不同质地、肌理的面料完美搭配，更能显现设计师的艺术功底和品位。服装款式上的各种造型并不仅仅表现在设计图纸上，而是用各种不同的面料和裁剪技术共同达成的，熟练地掌握和运用面料设计才会得心应手。熟练掌握和运用服装面料特质是设计师所应具备的条件，设计师首先要体会面料的厚薄、软硬、光滑粗涩、立体平滑之间的差异，通过面料不同的悬垂感、光泽感、清透感、厚重感和不同的弹力、垂感等，来悉心体会其间风格和品牌的迥异，并在设计中加以灵活运用。服装的款式、色彩和面料这三部分缺一不可，是设计师必须掌握的基础知识。对款式、色彩、面料基础知识的掌握和运用也一定程度能反映出一个设计师的审美情趣、品位和设计功底。

6. 有良好的服装工艺技术能力

服装制板、工艺技术是服装设计师必须掌握的基本技能之一。服装制板是款式设计的一部分，服装的各种造型其实就是通过裁剪和尺寸本身的变化来完成的。如果不懂结构和工艺，设计只能是“纸上谈兵”。不要以为制板只是制板师的事情，只会画图、不懂制板的设计师肯定不是一个完美、成熟的设计师。

工艺也是服装设计的关键，不懂得各种缝制技巧和方法，也会影响我们对结构设计和裁剪的学习。缝制的方式和效果本身也是设计的一部分，不同的缝制方式能产生不同的外观效果，甚至是特别的肌理效果。有时服装设计是要借助“缝纫效果”来表达设计语言的。

7. 服装市场营销的能力

服装设计师最终要在市场中体现其价值。只有真正了解市场、了解消费者的购买心理，掌握真正的市场流行。并将设计与工艺构成完美的结合，配合适当的行销途径，将服装通过销售转化为商品被消费者接受，真正体现其价值，才算成功完成了服装设计的全部过程。包括品牌的风格、市场定位、竞争品牌的概况、每季不同定位的服装设计风格的转变、不同城市流行的差异、所针对消费群对时尚和流行的接受能力等，还要清楚应该何时推出新产品、如何推出、以何种价格推出等问题，设计师的工作更多时候要紧盯市场变化、不断研究和预测市场流行，准确地把握公司品牌的定位和风格。经过这些实践和经历，你才能成为一名合格的服装设计师。

8. 细腻的观察能力

作为一名服装设计师要对服装具有敏锐的观察力。好多服装设计师缺乏明晰的思路、敏锐的观察力以及整体的思维能力，就会出现不能适应设计师的工作。怎样去主持一个品牌设计，要靠设计师较强的综合能力和对服装敏锐的观察力，这不仅需要技术上的创意，还需要用理性的思维，去分析市场，找准定位，有计划地操作、有目的地推广品牌。所以，如何做出你的品牌风格，使目标消费者穿得时尚；如何吸引你的顾客，扩大市场占有率，提高品牌的品位，增加设计含量，获得更大附加值，创造品牌效应，才是服装设计师应具备的基本素质与技能。

9. 计算机辅助设计能力

随着计算机技术在设计领域的不断渗透，无论在设计思维和创作过程中，计算机已经成为服装设计师手中最有效、最快捷的设计工具，特别是服装企业中对服装设计、服装制版、推板、排料、绣花纹样、印花纹样等都是靠计算机来完成的。服装设计师必须熟练地运用CoreIDRAW、Photoshop、Illustrator、3DVSD衣图三维可视服装款式设计系统（由深圳市广德教育科技有限公司开发）等绘图软件，运用计算机辅助设计技术可以方便地编辑、修改和绘制你的图形，拓宽你的设计表现方式、加快设计速度。特别是3DVSD系统，拥有强大的服装专业素材库、三维人体素材库、专业服装绘图工具箱、种类繁多的画笔、极具感染力的着色效果和滤色效果，可以使你的计算机设计作品魅力非凡、效果更加逼真。

10. 沟通和协调能力

服装设计师要想顺利地、出色地完成设计开发任务，使自己设计的产品产生良好的社会效益和经济效益，离不开方方面面相关人员的紧密配合和合作。例如，设计方案的制定和完善需要与公司决策者进行磋商；市场需求信息的获得需要与客户以及消费者进行交流；销售信息的及时获得离不开营销人员的帮助；各种材料的来源提供离不开采购部门的合作；工艺的改良离不开技术人员的配合；产品的制造离不开工人的辛勤劳动；产品的质量离不开质检部门的把关；产品的包装和宣传离不开策划人员的努力；市场的促销离不开营销人员的付出。

因此，服装设计师必须树立起团队合作意识，要学会与人沟通、交流和合作。这方面的能力，需要在校学习期间就开始注意锻炼和培养，并努力使之成为一种工作习惯，这对今后开展工作会十分有益。

后记

在本教材的编写过程中，作者力求做到“工学结合”。即吸纳本专业领域的最新技术，坚持理论联系实际。如果本书对高等服装教育的教学有所帮助，那我将深感欣慰。同时更希望这本书能成为服装教育的教学体制改革道路上的一块探路石，以引出更多更好服装教学方法，来共同推动中国服装教育的发展。

本书出版后，作者将继续编著后续的服装材料，欢迎广大读者朋友提出宝贵的建议或意见，作者将不胜感激！

作者长期从事高级服装设计和板型的研究工作，积累了丰富的实践操作经验。为了做好服装教材研究与辅导工作，作者特创立了广东省时尚服装研究院和中国服装网络学院（网址：www.zgfzjy.cn），读者在操作过程中，有疑问可以通过中国服装网络学院向陈老师求助。欢迎广大服装爱好者与我们一起探讨服装设计和服装技术永恒话题。

作者

2014年07月